人物形象设计专业教学丛书

发型设计与梳妆

U0332408

吴 旭　　杜 锌　　主 编

周生力　　姜 燕　　副主编

化学工业出版社

·北京·

HAIR DESIGN

本书从人物形象设计等专业中发型设计课程的需求出发，以发型设计与梳妆实例为主体，对头发的基础知识、发型设计的原理、梳妆造型工具、吹风造型技术、发型梳妆的基本技法、现代发型设计、创意发型设计与表现等内容进行了详细讲解，具有结构清晰、图文并茂、涵盖面广、实践性强的特点。编写中，针对每一种发型与梳妆技法，都配有详细的说明图例。本书在强调传统技法的同时，注重对其进行现代演绎与创新。

本书适用于高等院校人物形象设计专业和影视化妆专业，同时也可以作为中等职业学校美容美发与形象设计专业的专用教材。此外，也可以作为美容美发行业、婚纱影楼以及相关行业等人员的技能培训参考用书。

图书在版编目（CIP）数据

发型设计与梳妆/吴旭，杜锌主编．—北京：化学
工业出版社，2014.4（2023.9重印）
（人物形象设计专业教学丛书）
ISBN 978-7-122-19784-9

Ⅰ．①发… Ⅱ．①吴…②杜… Ⅲ．①理发-造型
设计 Ⅳ．①TS974.21

中国版本图书馆CIP数据核字（2014）第027819号

责任编辑：李彦玲　　　　　　　　　　文字编辑：张　阳
责任校对：陶燕华　　　　　　　　　　装帧设计：王晓宇

出版发行：化学工业出版社（北京市东城区青年湖南街13号　邮政编码100011）
印　　装：北京新华印刷有限公司
787mm×1092mm　1/16　印张7　字数185千字　2023年9月北京第1版第12次印刷

购书咨询：010-64518888　　　　　　　售后服务：010-64518899
网　　址：http://www.cip.com.cn
凡购买本书，如有缺损质量问题，本社销售中心负责调换。

定　　价：35.00元　　　　　　　　　　　　　版权所有　违者必究

前言
Foreword

　　发型设计是人物整体形象设计的重要组成部分，是学习者应具备的主要专业技能之一，是企业考核人才的主要专项技能，也是一门比较难以掌握的技艺。本书编写本着科学、实用、严谨的原则，内容丰富，图文并茂，通俗易懂。

　　发型设计要体现独特的创意性，注重演绎传统技法，表达创新理念。本书的创新点突出表现在以下几个方面。第一，理论创新。专业理论知识内容，以满足发型设计的使用为度，培养学生扎实的技术理论知识。传统梳妆技法力求详细全面，并被赋予现代时尚元素，旨在培养学习者的创造性思维能力。创意发型设计内容涵盖面较宽，有利于培养学习者敏锐的观察力、丰富的想象力和发型艺术的创造力。第二，技术创新。专业技术内容的筛选整合与市场接轨，吸纳企业一线技术，从而使学习者的梳妆技术能达到企业所要求的技术标准。第三，视觉创新。本书所有发型造型图片均为原创。这些图片多在专业影棚完成，在拍摄角度上力求能清晰地体现发型的设计步骤和纹理走向的层次感。照片在后期处理上专业、细致，排版清晰有条理，从而使整本书的图片能准确、详细地为理论知识服务，并呈现出艺术化效果。

　　书中内容是笔者多年来致力于高职人物形象设计专业的课程设置、教学方式、教材内容、人才培养模式、职业岗位专业技能应用等方面改革探讨工作的经验积累；是立足于发型设计课程实用性改革领域的技术创新成果；是笔者担任国家发型化妆大赛裁判与指导学生参赛工作的经验累积；也是对笔者深入企业主持婚纱影楼样片研发以及各类大型活动中进行真实化妆所积累的造型资料的筛选。

　　本书由浙江纺织服装职业技术学院吴旭、杜锌主编，常州纺织服装职业技术学院周生力、杭州市拱墅职业高级中学姜燕副主编，浙江横店影视职业学院孙浩、盛乐、沈强法，江西服装学院潘翀，浙江纺织服装职业技术学院沈黎珍、张丽丽、周艳，辽宁现代服务职业技术学院赵宇，浙江机电技师学院朱丽清，以及影视剧组王晓晨、苗苗、钟福声、张菊、周依明、孙晶、任雪松等参与编写。

　　浙江纺织服装职业技术学院的人物形象设计专业为浙江省优势专业，在此衷心感谢浙江纺织服装职业技术学院对本书出版给予的资助和支持！感谢浙江纺织服装职业技术学院服装表演专业的模特们以及其他模特们的辛苦配合！感谢参与协助工作的同学：邱梅浩、王琳琳、李忠、王彩平、陈婷婷、吉丹阳、姜月、万芮含、王中辉、温碧茹、孙迪、林凯华、赖丽丽、陈晓笑、陈作冰、张春燕、张以儒等。

　　最后，在本书完成之际，我们仍感遗憾，由于篇幅所限，许多问题没有更深入地去探讨研究，书中难免有纰漏或不当之处。恳请读者谅解，敬请专家和同行们指正，不胜感谢！

吴　旭
2014年1月

目 / 录
Contents

绪论

学习目标

通过学习，掌握发型的特性；熟悉发型的分类；明确发型在人物形象设计中的地位。

发型设计是一门综合艺术，是人物整体形象设计的重要组成部分，它涉及广泛，需要掌握多门学科知识。一个设计成功的发型，要将人物头部和脸部的优点显露出来，并将其缺点遮盖起来，具有较好的修饰和美化效果，以增强人的自信心，令人耳目一新、赏心悦目，既体现实用性，又表达审美感。发型设计的水平，不仅可以体现一个民族的文化观、审美水准，还体现一个国家的文明程度与发展趋势。

一、发型的特性

发型具有实用性、审美性、形象性、联想性、流行性、民族性和时代性等特性。发型是人物外在形象塑造的主要部分，也是人物的个性及精神境界的完美展现。

1.发型的实用性与审美性

发型的实用性主要体现在人们的日常生活中，具体表现在如何准确地把握发型与人物的年龄、身份、职业以及所处环境之间的关系。发型的实用性，是审美性的前提和基础，审美性反过来也可以增强实用性。巧妙新颖、协调舒适的发型不仅能改善心态、提升气质、表达美感，成为他人的审美对象，更能在无声无息中向他人传达出人物自身对美感的独特见解，因而审美性本身就具有社会功能。所以，实用性和审美性二者相辅相成，缺一不可，密不可分，它们构成了发型设计的基本原则和特征。

2.发型的形象性与联想性

发型的形象性是指人物主观因素与客观因素有机统一，主要表现在发型的轮廓形状、纹理走向、色调变化、形状内部结构以及头发质感、光泽等方面，也包括对均衡、多样统一等形式美法则的把握。形象性是联想性的外部体现，联想性是形象性的内在灵魂。借助形象性，采用不同表现手法和形式来增加发型的寓意，可以唤起人们的各种联想，尤其是在发型秀、发型化妆大赛中的主题造型设计上，能更为突显仿造事物的象征意义。一些形象性的发型艺术创作可以塑造出象征大自然中的田园风光、动物图案、扬帆行驶的战舰和几何形体等造型，这种象征性的发型具有鲜明的艺术独特性，往往给人以联想，引发人们内心的某种感受，使发型的审美意境更加生动、更富有活力。

3.发型的个性与流行性

流行是迅速传播且盛行一时的一种现象。发型的流行性指人们在发型上追求共同的样式、风格及该发型传播、流动的现象。它是在一定的时间、空间内发生的。流行在时间上表现为富有个性的发型风靡一时，新的发型风格取代旧的形式，随风而行的追逐者们由流行策源地向四周波及，在这一时空内形成了一种流行趋势的发型标准，有相当比例的人群效仿这种风格的发型。由流行倡导者走向大众是量的增加，也是独特性向普遍性的转化过程。从流行转化为普及，普及就意味着过时，发型发展趋势总是在个性与流行间重复与循环着。

个性发型即富有个别性格特征的发型，其首要特点即它的独特性。它的本质表明它与流行发型符合众人口味的特性是完全相反的，这是个性与共性不可调和的矛盾。从概念上理解，流行性与个性是分属两个相互矛盾的范畴。但是，流行性与个性的关系在实际的时尚圈内又不是这样简单的矛盾关系，它们在具体的表现中是相互依存和转化的。

4.发型的民族性与时代性

发型具有浓郁的民族风格和鲜明的时代特色，是民族性与时代性的有机统一。发型的款式、纹理、色彩和发饰等无一不体现出民族的风格和特色。发型鲜明的时代性首先在于它总是表现出特定时代、特定社会的情感和思想。

发型设计的民族性和时代性的有机结合，既充分体现久远民族元素的浓郁韵味，也表现出不同时代所赋予的鲜活生命力。

二、发型的分类

1.按发丝形态与造型分类

（1）直发类

直发类发型是指没有经过电烫，保持原来自然垂直的头发，经过修剪和梳理后形成的各种发型。

（2）卷发类

卷发类发型是指直发经过烫发或一次性卷发后形成卷曲形的头发，通过盘卷和梳理而形成的各种不同形状的发型。

（3）束发类

束发类发型是根据不同需求采用发辫、发髻、扎结等操作方法形成的造型。

2.按发丝的长短分类

（1）长发

长发的长度一般超过肩部。

（2）中长发

中长发的长度一般在肩线以上耳朵以下。

（3）短发

短发的长度一般不超过15cm，能见到发茬的为超短发。

3.按实用性分类

（1）生活发型

生活发型是日常生活、工作所需要的发型，又可分为普通发型和晚装发型。

（2）艺术发型

艺术发型是设计师为表达创意理念而设计的发型，一般见于发型比赛和发布会上，效果极为夸张，具有较强的视觉冲击力，纯属发型艺术作品创作的展示。

4.按风格分类

（1）古典发型

古典发型也称为传统发型，是指运用传统元素进行设计与梳妆，并被大众广泛接受的发型，其流行时间较长，有的长达几十年，具有典型的时代特征。

（2）流行发型

流行发型多为追赶时髦的人所热衷，并由这群人率先尝试，进而流行起来的发型，在一段时间内在大众中普及，成为时尚发型。

（3）前卫发型

前卫发型是在发型的色彩上和形状上，都脱离了大众的普通发型，标新立异，独树一帜，使人们感到稀奇古怪，颇受争议。

除上述几种发型分类方法外，还有按性别、年龄、民族、职业等的区别对发型进行分类的。

三、发型在人物形象设计中的地位与作用

一般人认为，发型设计在人物整体形象设计中是局部与整体的关系，它对整个形象设计具有很强的从属性。但不可忽视的是，人物形象设计中百分之五十取决于美发造型设计。因为发型更能直观地体现人物的身份、年龄、个性、气质等特征。

1.发型设计在人物形象设计中的地位

发型是形象设计的重要组成部分，是形象设计中最能表达主题的要素。成功的发型设计不但能使整体形象更加统一化、完美化，而且作为人们精神生活中非常重要的生活形态，它在人们的精神生活中属于不可替代的重要地位。有专家说形象设计要从"头"开始，发型变了，人物的形象标识首先就改变了。在我国封建社会，对头发的重视曾达到了神秘化的程度，更有"身体发肤，受之父母，不敢毁伤"之说，若毁伤便是大逆不道。古代社会中，由于等级制度森

严，发型也有着等级之分，标志着人的身份和地位，就是在当今社会，发型依然能反映人的身份和年龄。

2.发型设计在人物形象设计中的作用

发型本身就是一种独特语言，主要表现在轮廓、发量、结构、纹理、发质等方面。从某种意义上来说，发型设计就像是雕塑师在特有的条件、地点及环境下进行雕塑创作一样。发型设计不是刻意地模仿与复制，更不是随意梳理，可以说它也是一种作品创作过程。它是在深刻理解设计对象生理条件和精神特征的基础上，以表达个人特征为目的的一种创意性的发型设计。因此，发型设计不仅要考虑本身的特殊美感与实用性，同时还必须考虑设计对象的脸型和体形，并与设计对象的妆容和服装在设计风格上相统一。没有妆容与服装的配合，人物的形象设计是不完整的，三者只有相互协调才能成为一个完整的、统一的整体。

发型在形象设计中是富有诱惑性的外露部分，作为人物的一种象征，它表达出的特性能在一定程度上反映人物的心灵和行为，具有很强的标向、指示作用。发型的变换有时会比发型本身更为重要，发型是人们改变自身形象、精神面貌的最直接方式，更是达到塑造自身新形象的一种捷径。

发型依附于人的头部，是形象设计师根据人物整体形象塑造的需要，对设计对象的头发进行设计，然后用剪、吹、烫、盘、染等技术手段塑造出一定的色彩与形状以实现设计的需求，通过发型改变设计对象的脸型、体型及其气质等。由此可见，发型设计在人物形象设计中具有以下几个方面的作用：改变设计对象的气质；改变设计对象的年龄特征；改变设计对象的性格特征等。

思考
练习题

1. 简述发型的分类方法。
2. 如何理解发型设计的特性？
3. 如何理解发型设计在人物形象设计中的地位与作用？

第一章

头发的基础知识

学习目标

通过本章学习，了解头发的功能与作用；熟悉头发的生理结构；掌握头发的基本护理方法。

头发，或称发，是指长在人类头部上的毛发。头发的颜色及其特征是由基因决定的。一般而言，常见的发色有黑色、金黄色、棕色及红色等，当人进入老年时，头发通常会变成银白色。只有人类的头发才会始终生长，所以人类需要时常理发，而动物界则不存在这种现象。头发除了为人增加美感之外，还可以保护头部和大脑，夏天可防烈日，冬天可御寒冷。细软蓬松的头发具有弹性，可以抵挡较轻的碰撞，并可以帮助头部蒸发汗液。

第一节　头发的生理知识

一、头发的基本特征

　　人类的头发根据种族和发色的不同，数量也有差异。黄种人约有10万根，金黄色头发的白种人头发比较细，约有12万根，红色头发略粗，约有8万～9万根。头发的颜色、形态、卷曲度和粗细度受遗传因素控制，因种族和个人而异。

　　头发的主要成分是角质蛋白，约占97%，而角质蛋白是由氨基酸所组成。东方人发质特性是粗黑硬重，因含碳、氢粒子较大较多，所以颜色深。西方人发质的特性是轻柔细软，因含碳、氢粒子较少，所以颜色较淡。构成毛表皮的角蛋白质，是由20多种氨基酸成纵向排列。

　　在所有毛发中，头发的长度最长，尤其是女子留长发者，有的可长到90～100cm，甚至可长达200cm。在正常情况下，头发每日生长约0.3mm，3天生长1mm左右，1年大概是13.8cm。阳光照射能加速头发生长。头发生长周期分为生长期（约3年）、退行期（约3周）和休止期（约3月），有80%～90%成熟的头发处于生长期，10%～20%的头发处于休止期，这期间周期循环是动态平衡的。正常人每日可脱落70～100根头发，同时也有等量的头发再生。不同部位的毛发长短与其生长周期长短不同有关。眉毛和睫毛的生长周期仅为2个月，故较短。毛发的生长受遗传、健康、营养和激素水平等多种因素的影响。

　　头发并非与表皮呈垂直成长，一般倾斜角度为40°～50°，且不同部位的头发倾斜方向也不一致，即形成人们所说的"头漩"。

二、头发的生理机能

　　头发是头皮的附属物，也是头皮的重要组成部分。头发的纵向切面从下向上可分为毛乳头、毛囊、毛根和毛干四个部分。头发露在皮肤外面的部分称为毛干，埋在皮肤里面的部分称为毛根，毛根下端略微膨大的称为毛囊，毛囊下端内凹入部分称为毛乳头。在毛乳头中有来自真皮组织的神经末梢、血管和结缔组织，为头发的生长提供营养。每个毛囊都和一块立毛肌相连，当精神紧张或受到寒冷刺激时，会引起立毛肌收缩。头发的生理特征和机能主要取决于头皮表皮以下的毛囊、毛乳头和皮脂腺等。

1.毛囊

　　毛囊为毛根在真皮层内的部分，由内毛根鞘、外毛根鞘和毛球组成，内毛根鞘在毛发生长期后期是与头发直接相邻的鞘层。内毛根鞘是硬直的、厚壁角蛋白化的管，它决定毛发生长时截面的形状。内毛根鞘下部为三层：HUXLEY鞘、HENLE鞘和内毛根鞘表层。在毛发角蛋白化以前，内毛根鞘与毛发一起生长，其来源均为毛囊底层繁殖的细胞。在接近表皮处，内毛根鞘与表皮和毛囊脱开。

2.毛乳头

　　毛乳头是毛囊的最下端，连有毛细血管和神经末梢。在毛囊底部，表皮细胞不断分裂和分化。这些表皮细胞分化的途径不同，形成毛发不同的组分（如皮质，表皮和髓质等），最外层细胞形成内毛根鞘。在这个阶段中，细胞是软的和未角质化的。

3.皮脂腺

　　皮脂腺的功能是分泌皮脂，皮脂经皮脂管挤出，当头发通过皮脂管时，带走由皮脂管挤出的皮脂。皮脂为毛发提供天然的保护作用，赋予头发光泽和防水性能。

4.立毛肌

立毛肌是与表皮相连的很小的肌肉器官，它取决于外界生理学的环境，能舒展或收缩。温度下降或肾上腺激素的作用，可把毛囊拉至较高的位置，使毛发竖起。

三、头发的结构

头发是一种由表皮的角质形成细胞角化而形成的特殊组织，它和人身上的其他组织一样，有独特的结构，也有其特殊的功能。从外表面上看，头发由毛根和毛干组成，露出头皮的部分是发干，在头皮下面的部分是发根，它被包裹在毛囊内。我们一般俗称的"头发"就是发干；发根位于头皮下，毛囊内的毛，只占全毛重量的10%～15%，其根部与毛囊下部称为毛球的结构相连接（见图1-1-1）。

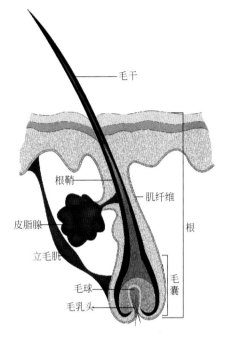

图1-1-1 头发的结构

1.毛根

头发在头皮下面的部分称为毛根，并不为人所见，被毛囊所保护。每个毛囊只生长一根头发。毛囊下部膨出的部位叫毛球，是头发的起始端，在毛球上有色素细胞。毛球最底部的凹陷称为毛乳头，它是一团伸入毛球内的结缔组织，含有血管和神经，毛乳头为生长中的头发提供营养和氧气。如果毛乳头被破坏或退化，头发就停止生长并逐渐脱落。在头皮的真皮层中，有与毛囊一同深入的皮脂腺，它的主要作用是分泌油脂，滋润头发，人们可以根据其分泌的多少来决定头发的属性（油性、干性、中性）。不同人由于皮脂腺分泌油脂多少的不同，分为油性头发、干性头发和中性头发。

2.毛干

头发在头皮上面的部分称为毛干，就是我们可以见到的头发部分。它分为三层，即表皮层、皮质层、髓质层。

（1）表皮层

表皮层也叫毛小皮，是保护毛干的最外层，从发根排列到发梢，包裹着内部的皮质。这一层保护膜由鱼鳞片状角质细胞重叠排列而成具有较重要的性能，它可以保护头发不受外界环境的影响，使其保持头发乌黑、亮泽和柔韧。这种鳞状物质由硬质角蛋白组成，有一定硬度但很脆，对摩擦的抵抗力差。毛表皮在过分梳理和使用不好的洗发水时很容易受伤脱落，使头发变得干枯无光泽。

（2）皮质层

皮质层是头发的中间层，由含有许多麦拉宁色素的细小纤维质细胞所组成。纤维质细胞的主要成分是角质蛋白，角质蛋白由氨基酸组成。许多螺旋状的原纤维组成小纤维，再由多根螺旋状的小纤维组成大纤维，然后许多螺旋状的大纤维就组成了外纤维，这也就是皮质层的主体。皮质层是头发的重要组成部分，大约占头发的85%～90%。细胞中含有的麦拉宁色素是决定头发颜色的关键，我国人的头是黑色的，就是因为麦拉宁色素多的缘故，相反欧美人拥有棕色等颜色的头发，是因为头发中的麦拉宁色素较少。皮质纤维的多少决定了头发的弹性、强度和韧性，也决定了头发的粗细。

（3）髓质层

髓质层是头发的中心部分，是含有些许麦拉宁粒子的空洞性的细胞集合体，一至二列并排且呈立方体的蜂窝状排列着。它内部有无数个气孔，这些包含空气的洞孔具有隔热的作用，而且可以提高头发的强度和刚性，又几乎不增加头发的重量。类似于一根狭长的管道，它深入到真皮之中，有时可深至皮下组织。它担负的任务就是保护头部，防止日光直接照射进来。较硬的头发含有的髓质也多，汗毛和新生儿的头发往往没有髓质。

四、头发的物理性质

1.头发的粗细

头发的粗细不仅存在着个体差异，而且在同一个人的一生中也会发生变化。头发的根部较粗，越往发梢处越细，所以发径也有所不同，可分一般发、粗发、细发。对人类而言，胚胎3个月后，头发即开始生长；出生时，胎毛脱落，而头发则继续生长且变得粗壮；成年后的头发则变得更粗壮，每根头发的直径约在0.05～0.1mm之间；同一个人的头发在不同的部位，粗细也不同，一般后部头发较粗，而头顶头发最细；中年以后，随着年龄的增长，头发可由粗变细，数量也逐渐减少，这更多见于男性脱发患者。这种变化主要由遗传因素所决定，与美发化妆品的使用无直接关系。

头发的粗细还与种族有关。一般来说，黄色人种的头发较白种人的粗，也较白种人不易秃发。而营养、代谢等对头发的色泽、曲直、粗细也有一定影响，蛋白质缺乏时，毛发稀、细、干燥、发脆、无光泽、卷曲易脱。

2.头发的形状

人类头发的天然形状因地域、种族、遗传、饮食等的不同，可分为直发、波浪卷曲发、天然卷曲发三种。直发的横切面是圆形，波浪卷曲发的横切面是椭圆型，天然卷曲发的横切面是扁形，头发的粗细与头发属于直发或卷发无关。毛发细胞的排列方式受遗传基因的控制，它决定了毛发的曲直、形态。头发各种形状的形成，源于头发构成的成分组合作用。毛发的卷曲，一般认为是和它的角化过程有关。凡卷曲的毛发，它在毛囊中往往处于偏离中心的位置，也就是说，根鞘在它的一侧较厚，而在其另一侧较薄。靠近薄根鞘的这一面，毛小皮和毛皮质细胞角化开始得早，而靠近厚根鞘这一面的角化开始得晚，角化过程有碍毛发的生长速度。于是，角化早的这一半稍短于另一半，结果造成毛向角化早的这一侧卷曲了。

另外，毛皮质、毛小皮为硬蛋白（含硫），髓质和内根鞘为软蛋白（不含硫），由于角化蛋白性质不同，对角化的过程，即角化发生的早晚也就一定的影响。如果有三个毛囊共同开口于一个毛孔中，或一个毛囊生有两根毛发，这些情况都可能使头发中的角化细胞排列发生变化，形状呈卷曲状生长。

3.头发的吸水性

一般正常头发中含水量约占10%，将头发浸泡在水中，很快就会膨胀，膨胀后的重量比未浸泡前的重量重40%左右，这种遇水膨胀现象说明毛发中几乎纯粹是蛋白质成分，而脂质含量很少。在空气中，头发会吸收或放出水分以达到与水蒸气保持平衡的状态。这种平衡受环境湿度影响很大，相对湿度高时头发的水分含量也增加。下雨时常常有发型散乱的情况，这是由于头发吸收一定的水分后，其中的氢键被切断，发型返回原始状态。冬季梳头时，会发生静电而有闪光等头发粘连的情况，这是由于干燥引起了头发中水分的流失。由此可见，湿度的变化对头发的影响特别明显，水分过量头发会失去支撑力，水分过少会使头发变得粘连。

4. 头发的弹性与张力

头发的弹性是指头发能拉到最长程度仍然能恢复其原状的能力。一根头发约可拉长40% ～ 60%，此伸缩率决定于皮质层。

头发的张力是指头发拉到极限而不致断裂的能力。一根健康的头发大约可支撑100 ～ 150g的重量。

5. 头发的多孔性

头发的多孔性是针对头发能吸收水分的多寡而言，多孔性发质一般毛鳞片翻起或脱落，表皮层已受破坏，皮质层大部分物质已流失，呈中空状态，用手触摸有种毛毛的感觉，头发无弹性、无张力，因表皮层已被破坏，头发极易吸水，而且由于正负电失去平衡容易打结不易成型。染发、烫发均与头发的多孔性有关，因为多孔性上色快。

五、头发的功能与作用

头发作为皮肤的附属器官，对人的生活有着十分重要的功能和作用。

1. 美容作用

头发可弥补容貌上的一些缺陷，所以人们常常依据自己的年龄、职业、肤色等来设计自身的发型。在求职面试或参加聚会时，为了给对方留下美好的印象，人们常会对自己的头发有所修饰，所以头发在一定程度上对人体容貌有重要的美化作用。

2. 保护作用

头发包覆着头颅，它如同一个头罩一样，是头颅的第一道防线，可以保护头部，缓冲外来物对头部的伤害，阻止或减轻紫外线对头皮和头皮内组织器官的损伤，同时对头部起着保湿和防冻作用。

3. 感觉作用

头发的感觉比较灵敏，当外界环境对人体有所影响时，不管风吹雨淋，还是日晒火烤，首先感觉到的是头发，由它发出的信息传送到大脑，从而决定采取何种防护措施。人们对头部有一种与生俱来的保护意识，一些危险来临时往往首先由头发感受到，比如危险来临时人们会抱住头部，头发也会不自然地竖立起来。

4. 调节作用

头发能发挥调节体温的作用。冬天，寒风凛冽，血管收缩，头发能使头部保持一定的热量；夏天，赤日炎炎，血管扩张，头发又能向外散发热量。因此，头发具有既能保温又能散热的双重功能。长发与短发在保暖性上还有一定的区别。

5. 排泄作用

头发同其他器官一样，它能用自己的方式把有害物质排出体外。人体内的有害物质如重金属元素汞、非金属元素砷等，头发都可把它们排泄到体外去。

6. 判断疾病作用

头发中含有一定量的微量元素，在人体健康状况有一些改变时，头发中的各种物质就跟着发生变化，因此，可通过测定头发中含锌量的多少，为诊断某些疾病提供依据。

第二节　头发的基本护理

一、头发的清洁

　　头发上的污物是引起头皮过多和脱发的一个因素，而且它有碍于头发的正常发育。头发的清洁是发质健康的基础，而正确的洗涤方法是养护头发的重要因素。干性发皮脂分泌量少，洗发周期可略长；油性发皮脂分泌多，洗发周期略短；中性发皮脂分泌量适中，洗发周期适当。冬、春季皮脂分泌量少，又多处于室内，洗发周期略延长；夏季汗腺、皮脂腺分泌旺盛，洗发周期要短；秋季风大气候干燥，头发易痒，洗发周期略短。干性发适宜选择温和营养性的洗发护发用品，油性发适合选择去污力略强的洗发用品。

二、头部的按摩

　　头部按摩可以刺激皮肤，促进血液循环，调节脂肪分泌，解除头部疲劳，有助于头发的发育，保持头皮的健康对于预防头皮过多和治疗头皮过多症也是极好的措施。

三、发丝的护理

　　干性发和受损发每周焗油1次，补充毛发的油分和水分。每日按摩头部10～15分钟，促进血液循环，供给表皮营养，促进皮脂腺、汗腺的分泌。洗发后用少量橄榄油。中性发10～15天上油1次，每周作3～4次头部按摩，每次10～15分钟。洗发后用少量护发乳。

四、发丝的修剪

　　当毛发生长到一定的长度，发梢就会产生分叉、易断的现象，定期修剪可避免这种现象的产生，使发丝保持健康亮泽的状态。同时，定期修剪还可刺激毛发细胞的新陈代谢，刺激毛发的生长。

五、发丝的蓬松

　　毛发是皮肤的附属物，如毛发粘贴在头皮上，会影响皮肤的呼吸和排泄，使头皮和发丝产生病态现象。

六、慎重烫发

　　烫发过勤会使毛发的角质细胞受损，如果得不到修复，发丝就会干枯，缺乏弹性，甚至分叉和折断。烫发以半年1次为宜，并应选择直径略大的卷心，烫的时间也不宜过长。

七、合理膳食

　　发丝是由细胞构成的，细胞的新陈代谢需要多种营养，所以，合理的膳食是供给毛发营养的重要因素。蛋白质、碳水化合物、脂肪、维生素、矿物质是使毛发健康的营养资源。

　　1.简述头发的结构。
　　2.简述头发的功能与作用。
　　3.头发具有哪些物理性质？
　　4.简述头发的护理方法与清洁技巧。

第二章

发型设计原理

学习目标

通过本章学习，了解点、线、面等要素在发型设计中的体现；熟悉发型与脸型的关系；掌握发型轮廓线设计的原则；学会头部的分区方法。

第一节 发型设计的构成

一、形状、形象

发型设计师经常会使用的概念是形状或形象。形状（发型）是通过盘发技法将发卷、发片、发条等元素组合而呈现的外轮廓。形象则是发型（形状）所引起的人的思想或感情活动。

二、构成的含义

构成是一个近代造型概念。词典解释为"形成"和"造成"，即包含自然形成和人为创造。在发型设计领域，广义上的构成与"造型"相同，狭义上是组合的意思，即从造型要素中抽出那些纯粹的形态要素来加以研究。在造型活动中，一个好的发型通常以三种方式创造出来的：一是模仿、二是演变、三是构成（创造）。三者均为设计师的创作形式，它们互为补充，相互融合，很难单独将它们区别开。

发型设计的构成，是以形态元素和材料（头发）为素材，按照视觉效果、力学、心理学或物理学原理进行的一种组合。发型设计是一种既包括手工操作又包含思维想象的过程，是直觉性思维和逻辑性思维、理性和感性相结合的产物。"构成"和"造型"在概念上有区别，将头发按照一定的原则进行创造性的组合，其创作过程称为构成，而所创作的作品，则称之为造型。也就是说，二者一个强调过程，一个强调结果。

世上的任何形态都是由形态的各个要素组合起来的，离开了点、线、面，其组合就无法成立。在发型造型领域，所有发型都是由点、线、面及其组合形态构成的。仅仅是组合原则及方式不同，所产生的结果就不一样，而给人的审美感觉也不一样。发型设计是技术、艺术、经济的综合表现。它是为了发现、追求和表现纯粹的美，必须将功能、头发、工艺、经济等必要条件直接物化为美的形与色。

第二节　发型设计的要素

点、线、面是几何学的基本概念，在美学中是美的表现形式，是发型艺术的语言和表现手段，也是发型设计的要素。发型设计是一个复杂的过程，需要设计者对发型的结构布局、块面形状、纹理线条、发丝流向等特点有深刻的了解。用点、线、面作为设计的基本要素，丰富了发型设计的设计方法，使整个设计有据可依。

一、发型设计的点要素

点是最小的几何形态，可以说是缩小的面、汇聚的线。在发型设计中，它是设计要素的基础，被设计师广泛应用。

1.点的作用

在发型设计中，点根据其大小、位置和顺序的变化会引起受众视觉上的聚散，起到引导方向的作用。当出现一个点时，受众目光集中形成焦点，这样的点具有集中、突出、形成视觉中心的效果，这是舞台表演发型中常用的一点夸张设计手法，其造型效果具有较强的视觉冲击力。当出现两个点时，人的视觉就会在两个点之间移动，注意力就会分散，甚至形成对抗，若出现的是高低不同的两个点，会造成视线的转移，视觉会因移动而产生运动感和方向感。用两点不对称的发型设计技法创作的造型具有较强的动感，是生活发型和创意发型常用的手法。当出现三个以上的点时，就要控制发型的节奏感的变化，否则会使发型产生凌乱感。

2.点的运用

点的不同的组合运用会产生不同的效果，点的排列方式能起到丰富发型轮廓的作用。从形态来看，点的形态不同视觉感不同，设计师要依据发型所设计的风格，采取相应的点的形态；从方向来看，生活发型经常采取方向一致的点元素来设计，使人感到造型有秩序、平和；时尚发型经常采用方向不一致的点元素来设计，使发型产生艺术效果，增强视觉美感。从排列方式来看，设计师在盘发时，往往在正中间设置一个点或一组点，来营造设计的亮点，就产生了对称的视觉效果，使整体造型均衡、和谐；反之，设计师设置的点不对称时，使整体造型具有较强的生动活泼的视觉感。在舞台发型设计中，设计师运用点的大小不同或相似点的反复出现等排列形式，从而产生了节奏美和渐变感。

二、发型设计的线要素

线是点移动的轨迹，也是极窄的面。在发型设计中，发型的变化与不同线条的运用有着密不可分的关系。各种线条都有它的美学特征，并遵循着形式美的基本法则。可能一条孤立的线条并不显得很美，但是，许多线条的组合却能产生令人惊叹的美学效果，由此可见，线条是发型美感的重要表现形式，也是发型设计的关键要素。

1.线的作用

线不仅有直线、曲线之分，粗线、细线之分，长线、短线之分，还有离心和向心之分。在盘发造型中常用直线和曲线作为设计要素。

① 直线分为垂直线、水平线、斜线等。直线是发型分区、发型修剪时常用的要素，在盘发设计中通常不作为轮廓结构的主体，只是以衬托的形式表现，也起到提升发型轮廓线的作用，直线点缀的发型给人以硬朗、灵动、张扬等视觉效果。

② 曲线分为S形曲线、C形曲、波纹线。较细的曲线在盘发造型中起点缀作用，曲线独具圆润柔美、弯曲流畅的表达形式，所点缀的造型给人以柔美动人、自由奔放等视觉效果。

2.线的运用

在一个发型构成中选用不同要素，如卷筒、发片、发线等组合时，线条不是主体，其作用更重要的是衬托，呼应主体，起到点缀作用。发型的变化与不同线条的运用有着密不可分的关系，如栅栏线、宇宙线、花线、草线等能起到衬托作用，赋予造型以层次感、生动性和时尚性。

发型设计中也可以用多个线排在一起形成面，这种面具有通透性，可以为发型增添几分灵动之美，而用发线编织成发网能使发型更富有创意性。

头发修剪的分区，造型的头缝划分，烫发、染色时区与区之间的分界，都是用直线、曲线、长短线、离心和向心线来划分，以此来增加发型的变化。

三、发型设计的面要素

面是点的扩大和移动，无数条线形成了面。线条是组合成块面的基本单位。线条在头上长短分布形成了各种层次，这些具有层次的轮廓形状，也就形成了面。面可分为光洁面、毛糙面、直线面和曲线面。

1.面的作用

块面是发型的局部形体，是发型款式的有机组成部分。发型的高度、宽度和长度，构成了发型的立体形状和体积。利用头发线条长短和流向的变化，对发型的块面进行交叉、重叠、分割、有机地组合，可形成风格各异的组合变化，再加以色彩的配合，可使发型的变化更加丰富多彩。

2.面的运用

在发型设计时，发型轮廓形状是用不同结构手法，制造出的不同小块面的组合体。其中，造型师经常用平面的发包形成平面或用弯曲的发卷形成曲面，以作为形成面的主体。对头发进行吹风造型，可以形成直线面或规则的曲线面；在修剪发型时，头发分区的形状决定了头发轮廓所形成的形状，也就是面的形状可以是直线面的任何一种形状；在烫发时，头发纹理的变化，可以形成各种形状的曲线面；在染发时，分区线都是用各种形状来划分的，块染就是以面进行取份的设计。

第三节　发型设计的原则

发型设计构思、造型轮廓形状的确定，要从顾客的脸型、头型、体形、职业性质、TPO原则（见第六章第一节）等综合因素来进行分析，将这些因素作为设计依据。所以造型师要对顾客综合条件进行透彻的分析，掌握发型设计的原则，运用好设计要素，采取适合的技术，才能做出使顾客满意的发型。

一、发型设计与脸型

发型与脸型的配合十分重要，脸型是发型设计的起点。造型师要根据顾客脸型的不同，确定设计方案，选择适合的盘发技术等，设计出与脸型相匹配的发型。常见脸型有七种：椭圆形、圆形、长形、方形、正三角形、倒三角形、菱形等。

1.发型与椭圆形脸

椭圆形脸符合三庭五眼的黄金分割比例称为标准脸型，梳理任何发型都具有和谐之美感，但不适合过于复杂的发型。

2.发型与圆形脸

圆形脸比较丰满，额部及下巴略圆，给人以清纯可爱的感觉。发型设计要拉高头顶部轮廓线，将两侧头发略向前梳理，以改变面部的长度和宽度比例，不宜梳太短的发型。

3.发型与长形脸

长形脸为前额发际线较高，下巴较大且尖，脸庞较长。发型设计要将前额用刘海遮掩，避免把脸部全部露出，尽量使两侧头发做得略蓬松，以减弱脸庞较长的感觉。

4.发型与方形脸

方形脸为较阔的前额与方形的腮部，方脸形棱角分明，缺乏女性的柔美之感。对此，发型设计应使得顶部头发高而蓬松，两鬓收紧呈弧形。选择柔和的烫发或用长发来修饰两侧面颊和下颌角。

5.发型与正三角形脸

正三角形脸头顶及额部较窄，下颌部较宽。发型设计时应使上部横向轮廓饱满，两侧头发修饰腮部，给人以顶部轮廓饱满、下面收缩的视觉效果。

6.发型与倒三角形脸

倒三角形脸为上宽下窄，似"心"形，故称心形脸，特征与正三角形脸相反。发型设计要重点注意额头及下巴，可以使用中分，用自然下垂的发型来修饰过宽的额骨和颧骨。头发长度超过下颌2cm为宜，并向内卷曲，增加下颌的宽度。

7.发型与菱形脸

菱形脸为上额角较窄，颧骨突出，下颌较尖。发型设计要重点考虑颧骨突出的地方，用头发修饰前脸颊，把额头的头发做蓬松，从视觉上拉宽额头发的块面。

二、发型设计与头型

　　头型是发型设计的基础条件。头型不同，与此相适应的发型表现形态也不同，其造型风格也有差异，会给人以不同的审美感受。所以发型师要掌握发型轮廓线的设计艺术，在发型设计中通过调整外形轮廓线的方法及盘发技巧，使头型轮廓尽量接近标准椭圆形，以此达到发型设计审美标准的要求。

　　人的头型有三种：平顶形头、圆形头和尖形头。头型的不同将影响到刘海区的划分，分区形状的不同将决定到刘海的发量与整个发型的协调。

1.平顶形头

　　该头型在确定刘海区域的时候，应该首先考虑到三角形区，因为三角形顶端部分尖细，造型时可增高轮廓线，加强头部的立体感，在视觉上会把头型拉长，提高纵向视觉感。

2.圆形头

　　圆形头型左右前后圆润饱满呈球形，发型设计要将顶部做的蓬松些，两侧略收紧，使整体轮廓形状调整后，有接近椭圆形的感觉。

3.尖形头

　　尖形头在划分区域时，要选择方形区域、梯形区域为宜。这两种区域有增强横向视觉感的作用。在盘发时增加头部两侧蓬松度，从而给人以降低尖头顶高度的视觉感。

　　总之发型设计与诸多因素有关，这里不再做更多叙述，本书将在发型设计应用部分做详细的介绍。

第四节　发型轮廓的设计

　　形状是发型的宏观表现形式，它是由轮廓所决定的。轮廓是构成任何一个形状的边界或外形线。发型的轮廓线是指发型外边缘，也叫外围轮廓线。假如将发型外围的点连在一起，会形成一个整体的轮廓形状，这个形状就是远处观察的视觉感（见图2-4-1）。

外围轮廓　　　　　　　　　　　　　　　外围轮廓线

图2-4-1　发型外围轮廓

塑造一个能给人以和谐、均衡、有韵律感的发型，是由发型轮廓、线条、层次结构和纹理走向等诸因素所决定的。而发型的轮廓必须配合脸型的轮廓，随着脸型的不同而变化，脸部为内轮廓，是美的内容，发型轮廓为外轮廓，是美的衬托。内轮廓形状是设计发型的重要因素，两者合一叫做正面轮廓，以椭圆形为美。此外，还有侧面轮廓和后面轮廓，这三方面构成完整的发型总轮廓形状。

发型轮廓是由高度、宽度和深度组成的三维空间的立体物。欣赏发型的立体空间艺术效果，要从两方面进行评价：一是远观发型轮廓形状，这是对发型师美感设计的评价，也是其艺术创作思维水准的体现；二是看轮廓形状内部技法结构，这是对发型师梳妆技艺的评价。这就是对"远看轮廓，近看结构"最恰当的解读。

一、发型轮廓形状种类

根据不同场合所需要的发型风格，可以设计出多种轮廓形状的发型，常用的发型轮廓形状有：椭圆形、半圆形、梯形、锥形、菱形等（见图2-4-2）。

| 椭圆形 | 半圆形 | 梯形 | 锥形 | 菱形 |

图2-4-2　发型轮廓形状

日常发型设计选择标准轮廓线较为适合，古典发型宜采用后倾轮廓线设计，T台走秀发型常采用前倾轮廓线设计（见图2-4-3）。

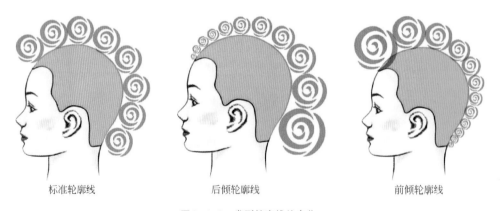

| 标准轮廓线 | 后倾轮廓线 | 前倾轮廓线 |

图2-4-3　发型轮廓线的变化

舞台造型、化妆发型大赛等多采用不规则轮廓线的设计，目的是为满足艺术视觉效果要求（见图2-4-1）。

二、发型局部结构设计

（一）头部常用基准点

一般发型是由发卷、发包、发片等构成，并通过堆砌和环绕等技法形成局部结构轮廓。在头部上确定局部结构的位置时，首先要弄清楚头部结构的主要基准点位置，这也是为分区打下基础（见图2-4-4）。

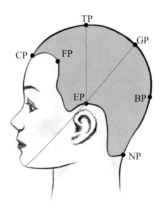

图2-4-4　头部基准点

CP点：头部前发际线的正中点，简称中心点。

FP点：头部额角点。

EP点：耳朵上部最凸的点，简称耳尖点。

GP点：下颌与耳朵前连成一条直线，通过EP点并延长到头部的交点叫作黄金基准点，简称黄金点。

TP点：两个耳尖向上的延长线与头顶部中心的交点，简称顶点。

BP点：从侧面观察头后部，枕骨最突出的部位，简称后脑点。

NP点：颈窝处后发际线的中心点，简称颈窝点。

黄金点是发型设计的核心点。常规发型就是围绕这个点进行前后移位的设计（见图2-4-5）。

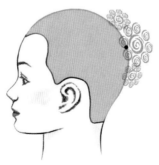

黄金点造型　　　　　　　　黄金点后移造型　　　　　　　　黄金点前移造型

图2-4-5　黄金点移位造型

（二）发型局部结构轮廓设计

发型外形轮廓由不同局部结构轮廓组合而成，局部结构轮廓形状的确定，大致分为四个步骤进行设计。

1.确定位置

首先依据发型风格来确定在头部造型的位置即局部结构轮廓核心点，可以选择头部任何位置，也可以选一个点或多个点进行造型定位。

（1）单点定位

单点定位是选择头部任何一点位置做造型，通常是以GP点作为造型的标准位置，在该点设计出的发型属于标准椭圆形，适合于生活发型设计。TP点为高点位置，比较适合身高较矮的顾客或年轻少女的时尚造型。将TP点前移为前点位置，适合于T台时装走秀造型、前卫造型。BP点为低点位置，适合于古典造型风格（见图2-4-6）。

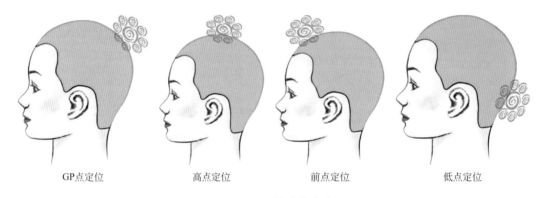

| GP点定位 | 高点定位 | 前点定位 | 低点定位 |

图2-4-6　单点定位造型

（2）双点定位

双点定位也叫两组合造型，有对称和非对称两种形式，所以定位设计时首先要考虑对称与否。当两个点的位置相同，形状大小也相同时称为左右均衡对称造型，这适合于儿童发型设计、舞台发型设计。当一个点在左前上方，另一个点在后部的右下方时为非对称形式，两点形状大小可以相同或不同，这适合于古典造型、演艺造型（见图2-4-7）。

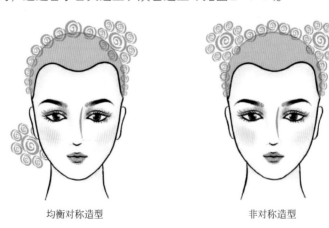

均衡对称造型　　　　　　　　非对称造型

图2-4-7　双点定位造型

（3）多点定位

三点以上的定位为多点定位的造型，单点定位和双点定位造型应用范围较宽。多点定位造型应用范围较窄，适合做抽象夸张表演造型（见图2-4-8）。

图2-4-8　多点定位造型

2.确定面积

将局部位置的点作为起点，根据造型轮廓形状大小的需要，设定底面积和顶面积的大小，再用相应的手法围绕这个点向四周放射形地扩大面积，一般是采取较大的底面积，使基底牢固，随着高度的提升轮廓面积逐渐缩小，形成锥形轮廓。

3.确定走向

定点和定面积就是确定了造型摆放的位置以及形状大小，然后造型师需要确定造型的方向和发流梳理的纹理走向。

4.确定高度

发型轮廓的高度首先取决于发型类型。日常生活发型高度适度；新娘发型与晚宴发型略高于日常生活发型，在这类发型设计时要考虑顾客的身高，身材略矮小的发型高度要提升，同时要考虑与三庭五眼相适合的比例高度；舞台表演发型和化妆发型大赛造型的高度较夸张，更重要的是体现作品展示的视觉感，突出艺术创造性，并以满足造型主题的需要为宜。

第五节　发型分区的设计

头部的分区是将头部分为两个或两个以上的区域（块面），简称发区。发型分区是造型的基础，每个发区在造型中起着不同的作用，直接影响造型结构、造型方法、轮廓形状等因素。根据造型风格的需要，进行有目的分区，分区的块面积决定了发量的多少。通过合理的分区，才能做出理想的发型。

一、分发区的作用

只有分区定位准确，才能达到预期设计的目的。造型师首先要了解分区方法和作用，将整个头部划分为刘海区、顶发区、侧发区、后发区等区域（见图2-5-1）。

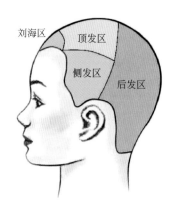

图 2-5-1 发区结构图

1.刘海区

刘海区是发型的灵魂，遮盖前额调整脸型，衬托发型，起着点睛之笔的作用。刘海可以独立存在，T台走秀发型经常用前发区做造型。刘海种类有齐刘海、斜刘海、波纹刘海、桃形刘海、U形刘海、艺术点缀刘海等，常用刘海的划分方法有中分、边分、四六分、三七分等。

2.顶发区

顶发区是发型结构设计的精髓，是造型梳理的核心，是优美发型的成功所在。

3.侧发区

侧发区的作用是衬托面颊，侧发区的饱满程度梳理技法可以用来修饰脸型上部。

4.后发区

后发区起着调整头部后面饱满程度和形状，提升整体造型轮廓线的高度等作用。

二、分发区的方法

分区是随意灵活的，根据局部结构定点设计部位的不同，常用的有二发区、三发区、四发区、五发区、六发区等分区方法。在掌握以上基本分区方法之后，按照发型设计构思对各部位造型结构的不同要求，可以创造出多种分区方法。

1.二发区的分区方法

① 从CP点开始用直线将头发分成1和2发区，该分区方法叫作二发区分区方法或中线分区法（见图2-5-2-1a、图2-5-2-1b）。也可以用曲线、Z字线等进行分区。

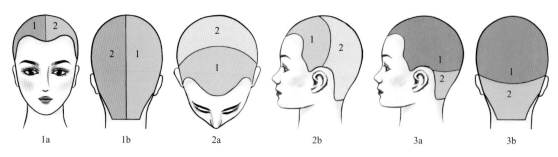

| 1a | 1b | 2a | 2b | 3a | 3b |

图 2-5-2 二发区分区方法

② 从头部一侧EP点，经过顶部TP点到另一侧EP点画分割线，这条线也叫耳上线，将头发分成前后两个发区，该分区法叫作前后横线二发区分区方法（见图2-5-2-2a、图2-5-2-2b）。

③ 从头后部两个EP点之间画水平分割线，将头发分成上下两个发区，该分区方法叫做上下水平线二发区分区方法（见图2-5-2-3a、图2-5-2-3b）。

2.三发区的分区方法

① 用耳上线将头发分为前后两部分，后部分为3区，再从CP点向后画线与耳上线垂直相交，形成1区和2区，该分区方法叫作三发区分区方法（见图2-5-3-1a、图2-5-3-1b）。也可以用耳上线将头发划分为前后两部分，前部分为3区，后部分再从中间分割为1和2两个发区。

② 从头后部的两EP点之间画水平分割线，将头发分为上下两个区，下边区为3区，再从CP点向后画线与水平分割线相交，形成1区和2区，该分区方法也叫作三发区分区方法（见图2-5-3-2a、图2-5-3-2b）。

③ 用耳上线将头发分为前后两部分，后部分为3区，再从FP点向后画线与耳上线垂直相交，形成1区和2区（见图2-5-3-3a、图2-5-3-3b）。

④ 将刘海区和顶区部分头发合为一个3区，也叫前发区，剩余头发分成1和2两个区，该分区方法是T台时装走秀造型中常用的分区方法（见图2-5-3-4）。

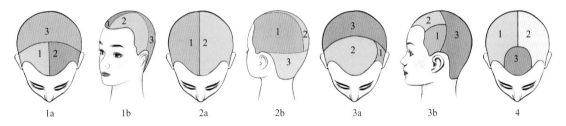

图2-5-3 三发区分区方法

3.四发区的分区方法

① 用耳上线将头发分为前后两部分，再从CP点开始向后画延长线到NP点，将头发分为1区、2区、3区和4区，该分区方法叫作十字分区方法（见图2-5-4-1a、图2-5-4-1b）。

② 用耳上线将头发分为前部分和后部分，后部分为4区，再从两侧FP点分别向上画线垂直于耳上线，将头发分为1区、2区和3区，该分区方法也叫作四发区分区方法（见图2-5-4-2a、图2-5-4-2b）。

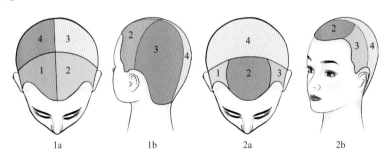

图2-5-4 四发区分区方法

4.五发区的分区方法

① 用耳上线将头发分为前后两部分，再从两侧FP点分别向上画线垂直于耳上线，形成1

区、2区、3区，将后部中分为4区和5区，该分区方法叫作五发区分区方法（见图2-5-5-1a、图2-5-5-1b）。

② 用耳上线将头发分为前部分和后部分，再从两侧FP点分别向上画线垂直于耳上线，形成1区、2区、3区，将2区两边线向后延长，画出U形区为4区，剩余部分为5区，该分区方法也叫作五发区分区方法（见图2-5-5-2a、图2-5-5-2b）。

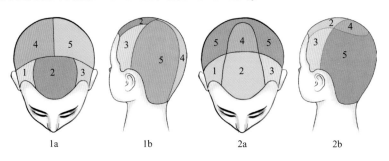

图2-5-5　五发区分区方法

5.六发区的分区方法

用耳上线将头发分为前后两部分，再从两侧FP点分别向上画线垂直于耳上线，形成1区、2区、3区，将2区两边线向后延长，画出U形区为4区，剩余后部分再中分为5区和6区，该分区方法叫作六发区分区方法（见图2-5-6-1a、图2-5-6-1b）。

用耳上线将头发分为前后两部分，再从两侧FP点分别向上画线垂直于耳上线，分为1区、2区、3区，再从2区中心点向下画中分线，并相交于后部两个EP点之间的水平线，分为4区和5区，最下面部分为6区，该分区方法也叫六发区分区方法（见图2-5-6-2a、图2-5-6-2b）。

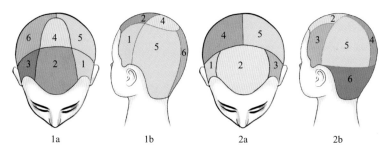

图2-5-6　六发区分区方法

1.简述发型设计的要素。
2.简述发型与脸型的关系。
3.什么是发型轮廓线？
4.发型有哪几个分区方法？
5.简述发型局部结构设计的步骤。

第三章

梳妆造型工具

学习目标

通过本章学习，了解发型工具的种类；掌握发型工具的功能及其使用方法。

在盘发造型中，根据发型设计意图和头发的长短曲直，应该运用不同操作技法进行造型，同时，应选择相应的工具。随着新技术的不断开发和引进，新工具也不断推陈出新，造型师对工具的正确使用、熟练掌握以及得心应手地运用，是发型造型成功的基础。

第一节　发梳分类与功能

常用发梳有尖尾梳、S形包发梳、椭圆形橡皮梳、静电梳、排骨梳、滚梳等多种类型。

一、尖尾梳的功能

尖尾梳的梳柄尖用于挑发分发、整理发卷、调整发型轮廓线，常在包发时做轴心使用。

尖尾梳用于从发根向发梢梳顺发丝，使发丝表面光洁，也用于从发杆向发根逆向（倒梳）梳理发丝，使发丝交错连接（见图3-1-1）。

二、包发梳的功能

1.椭圆形橡皮梳的功能

椭圆形橡皮梳又称为空气刷，主要用于梳理卷曲头发的纹理走向，且不会破坏发卷的卷度。它适宜恤发（即头发定型）后的头发梳理，使波浪纹理走向自然流畅柔美，并具有动感（见图3-1-2）。

2.S形包发梳的功能

在包发造型中，用尖尾梳挑倒梳后的发丝连接而蓬松，再用S形梳子将倒梳后的头发表层梳理光洁，而不能梳通里面倒梳过的蓬发，使得造型光洁饱满（见图3-1-2）。

三、吹风梳的功能

1.圆滚梳的功能

圆滚梳是吹风的重要工具，能够增加发丝的卷曲程度，并富有弹力，造型蓬松，富有立体感。即可以用于直发吹卷，又可以用于卷发吹直（见图3-1-3）。

2.排骨梳的功能

排骨梳是吹风最基本的工具，接触头发面积小，对头发具有较强的控制力，配合吹风机不同的操作技法来拉顺发丝，使发根站立，制造蓬松造型的效果（见图3-1-3）。

图3-1-1 尖尾梳

图3-1-2 包发梳

图3-1-3 吹风梳

第二节　发夹分类与功能

发夹用于固定头发，在造型组合中起连接作用。常用发夹有 U 形夹、直形夹、鸭嘴夹、波纹夹等。

一、U 形夹的功能

U 形夹又称插针，大小不一，多用于古装造型，用于连接头套和基底头发，发卷与发卷之间的连接，固定蓬松的头发，也可以用于改变发束的方向，将发夹略加弯曲，固定头纱时作为弯针使用（见图 3-2-1）。

二、直形夹的功能

直形夹用于固定头发（见图 3-2-1）。

三、鸭嘴夹的功能

鸭嘴夹分为内齿夹和内平夹。内齿夹用于头发分区的暂时固定；内平夹用于刘海造型和波纹浪峰的暂时固定（见图 3-2-2）。

四、波纹夹的功能

小波纹夹暂时固定较窄发片，便于造型（见图 3-2-2）。

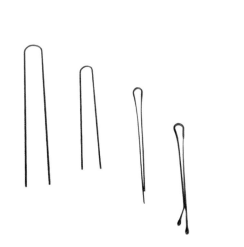

图 3-2-1　U 形夹与直形夹

图 3-2-2　各种鸭嘴夹和波纹夹

第三节　电发工具功能与应用

直发变成曲发以及其他造型，都需要借助电发工具来完成。常用的电发工具有电夹板、电卷棒、吹风机、卷发器等。

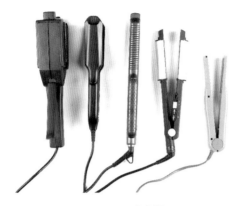

图3-3-1　电夹板

一、电夹板的功能

电夹板有直板、浪板和曲板等形状。造型师根据造型设计需求，选择相应的板型，可制造出光亮柔顺的直发效果，也能制造出浪漫曲发效果（见图3-3-1）。

浪板夹俗称玉米夹，因头发夹后效果类似玉米须形状而得名。用浪板夹做过的头发因蓬松而增多，在造型时也比直发好控制，是舞台演出常用的造型工具之一（见图3-3-2）。

1. 夹后效果

2. 倒梳后做发卷

3. 造型效果

图3-3-2　浪板夹造型

二、电卷棒的功能

电卷棒又称电发棒、电发钳。电卷棒的种类与型号较多，造型师要按造型需求选择相应的型号。电卷棒用作头发的卷曲，增加其量感和动感，使造型自然柔美、高贵典雅。

在卷发时，先将头发分区，从头部后面发际线向上卷，右手拿电卷棒，左手拿发片缠绕在发棒上，然后滚动发棒将发尾全部卷进里面。卷发时拉紧发尾，才能使卷后的发卷干净光亮。如果卷好后的发卷趁热放下，就会造型卷曲程度减弱，所以要用手托着热卷直到冷却为止，这样会使发卷更有弹性，卷曲效果较好（见图3-3-3 ~图3-3-6）。

图3-3-3　电卷棒

1. 电卷棒卷发　　　　　　　　　2. 挑倒梳　　　　　　　　　　3. 造型效果

图3-3-4　电卷棒造型

1. 卷发

2. 后部交叉包发

3. 鲜花与头饰点缀

4. 造型效果

图3-3-5　锥形电卷棒造型

1. 烫波浪或推波纹

2. 一次卷成连环双卷

3. 卷后形状

4. 造型效果

图3-3-6 双管电卷棒造型

三、吹风机的功能

吹风机是造型必备的工具，它经过电动机带动风翼，将电热丝所发的热气从吹风口吹出。其功率大，风力强，有多档温度及控制装置，并有冷热风可以调节，同时可随时换装上扁形风口和喇叭形风口，调节风力的集中或分散。

1. 无声吹风机的功能

无声吹风机即小功率吹风机，其功率为750W，温度高，风力小，吹风平稳，是盘发造型中理想的定型工具。应注意该吹风机的风温比有声吹风机高，操作时控制不当，易损伤头发或融化发网（见图3-3-7-a）。

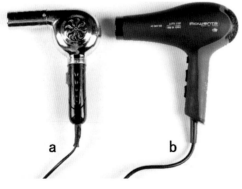

图3-3-7 吹风机

2.有声吹风机的功能

有声吹风机即大功率吹风机，其功率有1000W、1200W、1500W不等，风力大，温度低，不易损伤头发，吹出的发型具有动态美感，是吹风造型的重要工具（见图3-3-7-b）。

四、卷发器的功能

卷发器也叫恤发器，又称电热卷，是暂时性烫发及定型工具。这种卷发器加热快，热度均匀，可紧贴头皮卷起根部头发，不能烫伤头皮。卷发器的卷筒粗细各有不同，有三个规格，可根据需求选择卷筒规格。用卷发器做的造型波浪起伏，柔美而自然，是年代梳妆常用的工具（见图3-3-8、图3-3-9）。

图3-3-8　卷发器

1.卷发器卷发

2.椭圆包发梳梳形

3.造型效果

图3-3-9　卷发器造型

第四节　发型定型用品的分类与功能

发型梳妆过程的定型用品，用于保持发式造型的持久性。如何根据发型来合理地选择定型用品至关重要。常用发型定型用品有发胶、啫喱膏、发蜡等。

一、发胶的功能

在盘发造型过程中，喷上雾状发胶可以粘连表面毛发使发片光洁，具有支撑作用。在整体造型后，用发胶定型使之保持更持久，但是发胶喷多后发片易开裂。

二、啫喱膏的功能

啫喱膏主要作用是整理发卷、发片和发包，用于刘海梳理，能使发片边缘更整洁，具有较好的定型作用。

三、发蜡的功能

发蜡含油性成分较高，粘度较大。在编辫过程中表面略涂抹一点发蜡，可使编织的发辫光亮整洁。在男士造型中使用，具有增强线条的效果，能体现层次感，增加发质的光泽度。

思考
练习题

1.简述发胶的作用与使用方法。
2.简述卷发器的功能与应用。
3.盘发造型常用的梳子有哪几种？
4.有声吹风机与无声吹风机的区别及用途是什么？

第四章

吹风造型技术

学习目标

通过本章学习，了解吹风造型的原理和工具；熟悉吹风造型的操作方法；掌握吹风造型中各种纹理的梳理技巧与方法。

第一节　吹风造型原理

吹风造型是一种独特的语言，是美发技术过程中的主要组成部分。吹风可以增加发量、加强发型的纹理塑造，其造型效果主要表现在轮廓、发量、结构、起伏、发质与纹理等方面。吹风能使头发快速吹干，使头发光滑顺畅。吹风梳理能将散乱的头发平复整齐，有固定发型的作用。吹风还可以弥补修剪盘发卷发中的不足，使发型更加完美。从某种意义上讲，吹风造型就像雕塑师在特有的条件、地点及环境下进行雕塑创作一样，人们常说三分剪七分吹，所以一个发型做得成功与否，吹风造型是关键。

吹风造型原理就是利用热风改变毛发的氢键、盐键及氨基键，通过不同器具（吹风机、发梳等），掌控温度（最大的风及热量、冷却时间，用冷风定型）及张力（拉紧），使氢键产生记忆（头发会在135°时产生较好的记忆效果），制造或制作不同程度的形态，最终达到理想造型。

第二节　吹风造型技术

一、吹风造型技巧

吹风造型有一定的技巧性，运用得当，能使发型轮廓齐圆、发纹清晰、周围平服。如果运用不当，会严重影响发型质量。无论吹什么发型，首先必须了解发型的纹理与流向，按照长度采用不同的吹风技巧，才能使发型具备圆润、饱满、蓬松、自然的效果。

1.掌握角度

吹风造型时，吹风机不要直对着头发吹。如果直对头发，很容易把头发吹焦、吹黄、吹干，并烫痛头皮。正确的使用方法是吹风机斜侧着，送风口与头发有一定的角度，不同部位有不同角度，一般在15°～90°。长发采用满口送风的技巧，短发或接近发根的部位采用半口送风。

2.掌握距离

头发能够服帖，或卷曲成各种样式，全靠吹风机的热风与梳刷的力量，但是送风口与头发之间应当保持适当的距离。如果吹风口与梳刷上头发距离过远，热风分散得快，不能使头发很快成型；距离太近，热风又太集中，头发和头皮也会受到损害。一般吹风口与头发之间的距离是3～4cm为宜。

3.掌握时间

吹风造型时，吹风时间过长，容易把头发吹僵，不好成型，影响发型的效果，时间过短，又达不到所需的效果。由于每个人的发质不同，洗后的湿度不同，对吹风时间很难定出统一的标准，只有根据发型要求及头发本身的条件，恰当地掌握吹风时间。在任何情况下，都要注意吹风机不要固定在一点上送风，也不要在头发上打圈圈，这样热量就不集中，影响吹风效果。因此，吹风机必须随着梳刷上下移动。吹风时，梳刷移动速度要慢。吹风机的移动要快，吹风时间要恰如其分。

二、吹风的基本操作方法

在操作中，吹风和梳理是同时进行的，需要一手拿发梳，一手拿吹风机配合使用，可以根据操作需要左右手轮换，多角度对头发吹风造型。常用的吹风技法有以下几种。

1.压吹技法

压吹可以把头发吹得平服，常用的手法有两种。一种是用梳子压住头缝两边的头发进行吹风，这种吹风的方法应使用九排梳，它的梳齿形状成扇形，便于吹风机在侧面进行送风；另一种方法是用手掌压住头缝两边的头发进行吹风，这样可以使头发平服不翘（见图4-2-1-1）。

1. 压吹技法　　　　　2. 别吹技法　　　　　3. 挑吹技法　　　　　4. 拉吹技法

5. 推吹技法　　　　　6. 卷吹技法　　　　　7. 滚吹技法　　　　　8. 翻吹技法

图4-2-1　吹风的基本技法

2. 别吹技法

别吹是把头发吹成向内弯曲的一种手法。操作时将发梳斜插入头发内梳齿带动头发向下梳理使发杆向内倾斜，一般用于头缝两侧或顶部轮廓线发梢部位吹风，这种方法可以使头发向内弯曲（见图4-2-1-2）。

3. 挑吹技法

挑吹是将头发吹出微微隆起成为半圆形的一种手法。操作时用梳子挑起头发向上，提拉头发略带一些弧度再用吹风机送风，吹成微微隆起的形态（见图4-2-1-3）。

4. 拉吹技法

拉吹是将头发吹成帖服在头部的一种手法。操作时吹风机与梳子同时移动，需要反复操作（见图4-2-1-4）。

5. 推吹技法

推吹是将部分头发向下凹陷，形成一道道波纹的一种手法。操作时先将梳齿由前向后斜插入头发内，将梳子带动头发向前推，同时进行送风，一般适合带波浪的发型（见图4-2-1-5）。

6. 卷吹技法

卷吹能使头发隆起，显得饱满有高度。操作时先将滚梳卷在头发内，从发梢卷至发根进行送风，就像做空心卷筒（见图4-2-1-6）。

7. 滚吹技法

滚吹能使发丝顺畅有光泽。操作时先用滚梳带住头发向内滚动，使发梢自然向内扣，送风时滚梳要停留在原来的位置滚动，滚吹多用于女性长发底部的头发（见图4-2-1-7、图4-2-2）。

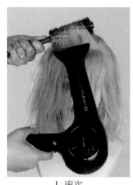

1. 滚次

2. 吹蓬松

3. 造型效果

图4-2-2　滚吹造型

8.翻吹技法

翻吹是将发梢吹成向外翻翘的一种手法。操作时用滚刷翻带头发，使头发跟着刷子向外卷曲，然后送风（见图4-2-1-8、图4-2-3）。

1. 由下向上吹风

2. 由上向下吹风

3. 吹刘海

4. 刘海定型

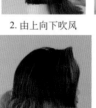

5. 拉发丝造型

6. 整理后定型

7. 造型效果

图4-2-3　翻翘造型

三、吹风造型的梳理

吹风后的头发是否能够达到满意的造型，关键依靠造型的梳理。

1.手与刷子的配合

右手拿刷子，左手用手心按住头发，按照发卷的方向和发根倾斜的角度把头发全部刷通。一边刷一边用手掌的外侧做推按动作形成波纹。

2.梳子与刷子的配合

右手拿刷子，左手拿梳子，用梳子挑起头发并保持梳齿朝外，刷子在梳子的引导下对梳齿作用下的头发进行梳理，使头发成型。

3.手与梳子的配合

右手拿梳子，左手按住头发，沿着发卷的卷曲方向和发根的倾斜角度，一边梳理一边用手指做推按动作，使头发成型。

4.各种花纹的梳理

完成圈后还要将每一个发卷按一定方向进行梳理，这样才能产生多种变化的式样。

（1）梳波浪

将头发按发卷卷曲的方向梳理通顺，先梳发量少的一侧，使头发自然地呈现出花纹，按波纹的走向用左手掌心贴住发根并按住波纹凹进的部位轻轻地向前推，手指用力要适当，波浪纹理的深浅主要取决于手指用力的大小。第一片梳好后再按花纹的排列再梳理一遍，这样可以使波浪纹理的深浅度更明显，从而增加波浪的立体感。另一侧采用相同的操作方法，由上至下依次推梳，一直梳至发尾。可以用手配合梳子打造理想的波浪形状，使整个头部形成优美的波浪花纹。

（2）梳云纹

首先按照梳波浪的方法，把头发全部梳出波浪。我们可以按照梳子与刷子的配合方法，先梳起头发并保持梳齿朝外，用刷子将梳子作用下的头发进行梳理，直至把全部头发梳理成波浪的形状。然后用刷子按照原有波浪的纹理逆向横刷。动作不宜过重，刷子的方向要按照波浪的卷曲方向，左右调换直到把原有的波浪全部打乱，显得参差不齐、起伏有序。最后用吹风机配合刷子做翻挑动作，使头发产生云纹的效果。

（3）梳螺旋

用刷子将头发轻轻地刷到底，从一侧到另一侧进行，同时用手将发尾略微朝上推送，这样头发就会呈现自然的旋转方向，再用吹风机送出的热风配合手指做捏转动作，来调整出卷曲自然的螺旋形形状。

5.刘海的梳理

刘海的变化直接影响到发型的整体效果。

（1）单花梳理

梳理时将额前的发卷沿侧面向后梳理平服，近额角处用手推按出一个向耳后弯曲的大波浪。

这种式样一般安排在额前的左侧或者右侧。

（2）双花梳理

将额前的发卷拆开并将头发斜着向后梳通，近额角处梳出一个波浪花纹，然后将额角以下的头发与顶部侧边的头发连接起来，形成两个大波浪。

思考
练习题

1.简述吹风造型的原理。

2.吹风造型操作有几种技法？

3.试述吹风造型技巧及花纹的梳理。

第五章

发型梳妆的基本技法

学习目标

通过本章学习，理解梳妆基本技法的演变与创新；掌握梳妆基础知识；熟练掌握梳妆基本技法；学会基本技法在发型设计中的运用。

发型梳妆基本技法种类繁多，主要有：包发髻、编发辫、打发结、卷发卷、拧发绳、做发片、做发线等技法，每一种技法可以独立形成发型，也可以作为整个发型的基本结构单元与其他技法组合造型。学会发型设计的理论知识，熟练掌握梳妆基本技法，是盘发造型所必备的基本功底。学习者要在此基础上，用现代的创新理念、前瞻的眼光、新的思维方式，进行提炼、演变、创新，用一种全新的发型设计手段，将其表现出来，给人们以启迪与思考。

第一节　梳发的基本技法

在盘发造型中要做出纹理清晰，并且表面光滑的发卷，发片的处理是关键。要做出蓬松夸张的发型，发丝蓬松度的处理是关键。常用的平倒梳和挑倒梳技法就是处理发片、发丝的手段之一。

一、顺梳发丝技法

用梳子顺着头发生长的方向梳理，从发根向发梢梳通、梳顺发丝，这种使头发光亮柔顺的梳理方法叫作顺梳发丝技法。

二、逆梳发丝技法

用梳子逆着头发生长的方向梳理，从发梢向发根方向推梳发丝或挑梳发丝的梳理方法叫作逆梳发丝技法（又叫倒梳技法）。具体又分为平倒梳技法和挑倒梳技法。

1.平倒梳技法

平倒梳时梳子可以在发片的上面倒梳，也可以在下面倒梳，梳子与发片呈相应的角度（大于0°，小于等于90°）。逆梳发丝，梳子距离要均等，发丝之间连接成为交织发片，梳（刮）顺发片表面，用发胶定型即可。平倒梳不仅是处理发片的一种基本方法，也能起到改变发片的方向、增强发片的力度等作用（见图5-1-1）。

1. 梳子在上面平倒梳技法　　2. 梳子在下面平倒梳技法　　3. 发片表面整理干净　　4. 挑倒梳技法

图5-1-1　倒梳技法

2.挑倒梳技法

挑倒梳时，梳子与发片呈一定角度，用梳子逆向挑起发丝，以此增加量感和蓬松度。挑倒梳做的发髻显得饱满，做的时尚发型既具有立体感，又具有动感（见图5-1-1）。

第二节　包发髻的基本技法

包发髻通常称为包发，在晚宴发型和新娘发型中广泛应用，包发髻造型能体现女性干练、高贵、典雅的非凡气质。

包发髻的技法分为平包、盘包、扭包和拧包等。在盘发造型常用扭包和拧包技法，头部两侧用扭包方法，后部用拧包方法较多。包发髻种类分为单包发髻、交叉包发髻、对包发髻等。

一、单包发髻技法

　　将后部头发向右边梳顺，用发夹按"之"字形固定，然后将全部头发向左边梳理，用梳柄做轴心，围绕轴心进行拧包，先弯曲头发，再提升拧紧发尾，扭转发尾时一定要旋转一圈后再下发夹固定，在这个夹子上面再交叉下一个夹子，以便固定得更加牢固（见图5-2-1）。

　　1. 在中间下夹　　　　　　　　　2. 全部向左边拧包　　　　　　　　3. 下夹固定

图5-2-1　单包发髻技法

　　也可以将全部头发向右边梳理，然后左手心朝上放在发根处，作为折叠的分界，向左边拧包，下夹固定（见图5-2-2）。

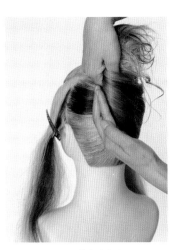

　　1. 头发向右边梳理　　　　　　　2. 全部向左边拧包　　　　　　　　3. 下夹固定

图5-2-2　单包发髻技法

二、交叉包发髻技法

　　将后部分头发平均分成左右两个发区，先将左发区的头发挑倒梳，使之蓬松饱满，然后用S形包发梳将其表面梳理干净，用尖尾梳的梳尾做轴心，将头发围绕轴心弯曲拧包，边拧紧发束边提升角度，拧转一圈后，在距离中缝向右约1～2cm的位置，下发夹固定，在这个夹子上面再交叉地下一个夹子，以便固定得更加牢固，再在折叠缝处下两个发夹固定。右发区用同样的手法拧包在左发区上，这种左右交叉的拧包发髻叫作交叉包发髻。

头部侧面包发时也先做挑倒梳。挑倒梳的蓬松程度依据模特脸颊的宽窄而定，挑倒梳后将其表面梳理干净，收紧发尾扭包。下夹固定时，发夹在插入三分之一后改变方向，再平行于发束向前推进，这样下夹固定得较牢固（见图5-2-3）。

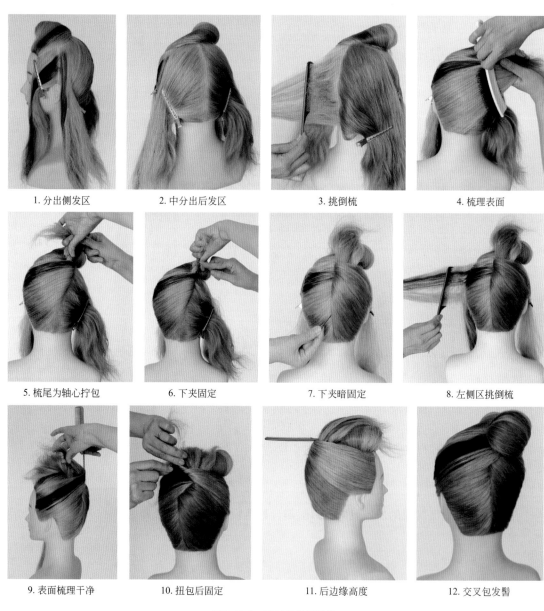

1. 分出侧发区	2. 中分出后发区	3. 挑倒梳	4. 梳理表面
5. 梳尾为轴心拧包	6. 下夹固定	7. 下夹暗固定	8. 左侧区挑倒梳
9. 表面梳理干净	10. 扭包后固定	11. 后边缘高度	12. 交叉包发髻

图5-2-3　交叉包发髻技法

三、对包发髻技法

对包发髻的操作方法与交叉包发髻类似，不同的是各自独立向中缝对包，不互相交叉重叠包发。也可以将后发区平均分成三份，操作方法与对包发髻相同，但是三个拧包折叠方向可以朝一个方向，也可以按造型需求而定（见图5-2-4）。

1. 先拧包中间发区　　　　2. 左右向中间拧包　　　　3. 下夹连接　　　　4. 中缝下暗夹固定

图5-2-4　对包发髻技法

第三节　发辫的编梳技法

发辫的编梳技法在我国具有悠久的历史，是梳妆的传统技艺之一，通常叫做编辫子或梳辫子。随着历史的变迁，它被赋予了不同时代的色彩，今天又在编辫的基础手法上有所创新，演变为手拉发圈技法，造型时尚动感，贴近生活，深受女性的青睐，是时代赋予了它新的生命力。

一、发辫的概念

1. 发股

在编辫前先把头发分成几个发束，一个发束称为一个发股。发股是编发中的最小单位。

2. 发辫

由两个或两个以上发股通过"压""过"的上下穿插的编梳方式。所做出的造型叫做发辫。在编梳中，发股在上面的叫"压"，发股在下面的叫"过"。

二、发辫的分类

1. 按股数分类

由几个发股编梳而成的发辫就叫做几股辫，如两股辫、三股辫、四股辫、五股辫、六股辫以及多股辫等。

2. 按形状分类

由于编梳技法不同，所形成的发辫形状也不同，一般分为扁形辫、圆形辫、方形辫和装饰辫等类型。

三、发辫的编梳技法

要编出均匀发股的发辫，首先分发股时，每股的发量要均匀，编出发辫的发股才能粗细一致。在编辫时，发股要涂抹少量发蜡，以便发辫表面干净光滑。在整个编梳过程中，每编一股拇指和食指都要捏紧交叉点，手法松紧要一样，这是决定发辫松紧的关键。

1.两股辫的编梳技法

（1）两股辫

取一束头发，在此束头发两边取发交替地搭在中间（非编股），以此类推，重复操作即编梳成两股辫。也可以将发辫的发股拉松做造型，赋予简单手法以新意（见图5-3-1）。

1.取一束头发

2.两边取发搭中间

3.交替搭在中间

4.向右侧造型

5.造型效果

图5-3-1　两股辫技法

（2）两股双边加辫

取均匀的两股头发先用交叉搭发，再从两边加发交替地搭在中间（非编股），防止发辫松动，拇指和食指要捏紧交叉点，以此类推，重复操作即编梳成两股双边加辫，简称两股双辫，也叫作鱼尾（骨）辫（见图5-3-2）。

2.三股辫的编梳技法

（1）正三股辫

取一束头发平均分成三股，用"1压2，3压1"，再用"2压3，1压2"的编股技法，以此类推，重复操作即编梳成正三股辫（见图5-3-3）。

① 单边加辫

用"1压2，3压1"的编股技法，编一个结后，再从一边加发编股即编梳成正三股单边加辫，简称正三股单辫。单边加辫有两种编梳方式，一种是从头部上方取发向下边加，另一种是从发际线取发向上面加，选择加发方向不同，造型效果也不异（见图5-3-4）。

1. 取红绿两发束　　　　2. 两边加发　　　　　　　　3. 造型效果

图5-3-2　两股双边加辫技法

1. 1压2，3压1　　　　2. 2压3,1压2　　　　　　　3. 造型效果

图5-3-3　正三股辫技法

1. 从上方取发向下边加　　2. 上方加发造型

3. 从下边取发向上边加　4. 从下边向上加发造型

5. 造型效果

图5-3-4　正三股单边加辫技法

② 双边加辫

用"1压2，3压1"的编股技法，编一个结后，开始从两边加发编梳，以此类推，重复操作即编梳成为正三股双边加辫，简称正三股双辫（见图5-3-5）。

1. 左边加发

2. 右边加发

3. 造型效果

图5-3-5　正三股双边加辫技法

③ 边加边减辫

先从第一股中减出（分出）一小股头发之后，用"3压2，1压3"的编股技法，再从上方取发加进去编股，重复进行，编到头以后，将减出（分出）的全部头发按三股单辫手法编，最后成型类似梯子形状，再将发辫翻到左上方固定造型（见图5-3-6）。

1. 取三束头发　　　　2. 先减发再编股　　　　3. 从上方加发

4. 编三股单辫　　　　5. 编三股单辫　　　　6. 呈梯子形　　　　7. 造型效果

图5-3-6　边加边减辫技法

④ 双边减辫

双边减辫编梳技法要按正三股辫的编法进行，所不同的是每编一股，都先减出（分出）一小股之后再编股。最后将两边留下的头发用三股单辫手法收边后呈树叶形状，这种由双边减发编梳成的发辫叫作双边减辫（见图5-3-7）。

1. 两边同时减发　　　　2. 编三股单辫收边　　　　3. 造型效果

图5-3-7　双边减辫技法

（2）反三股辫

反三股辫的编法同正三股辫相反，取三股头发，用"2压1，1压3"，再用"3压2，2压1"的编股技法，以此类推，重复操作即编梳成为反三股辫（见图5-3-8）。

1. 2压1,1压3

2. 3压2,2压1

3. 造型效果

图5-3-8 反三股辫技法

（3）三股方辫

取三股头发，将第一股分成两份，把第二股夹在其中，然后再合并回原来的第一股；再将第三股分成两份，把第一股夹在其中，然后再合并回原来的第三股；再将第二股分成两份，把第三股夹在其中，然后再合并回原来的第二股，以此类推，重复操作即编梳成为三股方发辫（见图5-3-9）。

1. 将2夹在1中间

2. 将1夹在3中间

3. 造型效果

图5-3-9 三股方辫技法

3.四股发辫的编梳技法

（1）四股扁辫

取四股头发，用"1压2过3压4"，再用"2压3过4"的编股技法，以此类推，重复操作即编梳成为四股扁辫（见图5-3-10）。

1. 1压2过3压4

2. 2压3过4   3. 造型效果

图5-3-10   四股扁辫技法

（2）四股圆辫

取四股头发，用"2压3，1过3过2再压2"，再用"4过2过1再压1"，再用"3过1过4再压4"的编股技法，以此类推，重复操作即成为四股圆发辫（见图5-3-11）。

1. 2压3,1过3过2再压2   2. 4过2过1再压1

3. 3过1过4再压4   4. 过4过3再压3   5. 造型效果

图5-3-11   四股圆辫技法

（3）四股麦穗辫

取四股头发，用"1压2，4压3，再用1压4"，然后用"2压4，3压1，再用2压3"的编股技法，以此类推，重复操作即编梳成为四股麦穗发辫（见图5-3-12）。

1. 1压2，4压3，再用1压4

2. 2压4、3压1，再用2压3

3. 造型效果

图5-3-12 四股麦穗辫技法

（4）四股装饰辫

取四股头发，用"1压2过3"，再用"2压3过1"，再用"4过2压1过3"的编股方法，彩色发股总是在中间走，以此类推，重复操作即编梳成为四股装饰发辫（见图5-3-13）。

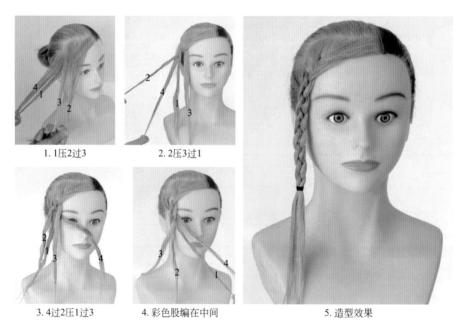

1. 1压2过3

2. 2压3过1

3. 4过2压1过3

4. 彩色股编在中间

5. 造型效果

图5-3-13 四股装饰辫技法

4.多股发辫的编梳技法

　　一般七股辫以上就称为多股辫，多股辫用上压下过的交替穿插的编股技法。因为这种编股技法及造型类似草席子和箩筐的编织技法，故又名席子辫或筐辫（见图5-3-14）。

1. 上压下过编织

2. 编织成形

3. 造型效果

图5-3-14　席子辫技法

第四节　发绳的应用技法

　　拧绳的方法从古至今在生活中广泛应用，人们也将这种拧麻绳的方法应用在发型中，这是少数民族常用的一种发型梳理方式。拧绳技法能增加头发的纹理，也可以起到缩短头发的作用。

一、单股发绳的应用技法

　　单股拧绳可独立造型存在，也能为造型组合所用，还是缩短头发的一种手段。

1.单股发绳

　　取一束头发，用拧单股绳的手法从发根部按着顺时针方向或逆时针方向拧紧至发梢（见图5-4-1）。

2.加发拧绳

　　在单股拧绳的手法基础上，边拧绳边加发，根

图5-4-1　单股发绳技法

据造型需要选择在上面加发或下面加发，通常在上面加发造型较多（见图5-4-2）。

1. 拧一股加一股

2. 加一股合一股

3. 造型效果

图5-4-2　加发拧绳技法

二、双股发绳的应用技法

1. 双股发绳

取两股头发，从根部开始分别向同一个方向拧紧至发梢，然后向相反方向交叉成为麻花绳形状，所以叫作麻花辫（见图5-4-3）。

2. 加发拧绳

在两股拧绳的技法基础上，一边拧绳一边加发，加发时在发辫的下面加，能使发辫固定在头皮上，这种发绳叫作加发拧绳（见图5-4-4）。

1. 向一个方向拧紧

2. 拧紧后交叉

3. 造型效果

图5-4-3　双股发绳技法

1. 在下边加发

2. 先加发再拧绳

3. 造型效果

图5-4-4　加发拧绳技法

第五节　拉发的造型技法

在传统拧绳和编辫的基础上，进一步演变，人们将发绳、发辫用手拉松成发圈、发片等形状，再进行造型，其造型特点是形体结构蓬松通透，空间立体感强，整体造型富有创意，生动时尚，颇具时代气息，体现技巧与艺术的统一。手拉发圈的技法简单，造型随意自然，在生活发型设计中广泛应用。

一、拉发圈技法

取一束头发，略松拧绳后自然成发圈，再将发圈拉成花，下夹固定（见图5-5-1）。

1. 拧单股绳

2. 拧后自然成圈

3. 拉发圈

4. 发尾下发夹固定

5. 造型效果

图5-5-1　拉发圈技法

二、拉发片技法

取一束头发略松拧绳后，左手捏着发梢，右手将其拉成三段发片，然后左手拿发片，右手拿发梢向上交叉后摆出造型，在交叉点下夹固定。这种手法也可以拉少许发丝（发圈）进行造型（见图5-5-2）。

三、拉发辫技法

先编三股辫，然后将发辫拉松，再扭转发辫进行造型（见图5-5-3）。

1. 拧单股绳　　　　　2. 拉发片

3. 扭发片造型　　　　4. 造型效果（一）　　　　　　5. 造型效果（二）

图5-5-2　拉发片技法

1. 将三股辫拉松

2. 扭转发辫成花　　　　　　　　　　　　　　3. 造型效果

图5-5-3　拉发辫技法

1. 绕圈　　　　　2. 打单发结

3. 拉松发结　　　4. 发尾下夹固定

5. 造型效果

图5-6-1　单发结技法

第六节　发结的造型技法

发结有单结和双结。发结是缩短头发的一种手段，造型师要根据发型设计的要求决定头发缩短的程度。

一、单发结技法

由一束头发打成的结叫单结。打结手法的松紧决定了发结形状和动感，单发结手法简单，可以独立成型，也可以与其他技法组合造型，使发型更加生动（见图5-6-1）。

二、双发结技法

由两束头发打成的结叫双结。通常用多个双发结进行组合造型，具有一定层次感（见图5-6-2）。

1. 打双发结　　　　2. 拉松发结造型

3. 造型效果

图5-6-2　双发结技法

第七节   发卷的造型技法

由发片卷成的卷筒叫做发卷。一个完美的发型，是由不同的基本结构组成，发卷是不可缺少的组成部分。只有熟练掌握各种卷的技法，才能在发型设计中更好地运用。

根据发卷摆放的方向分为平卷、卧卷、竖卷、斜卷等；根据卷的层次表现技法又分为扁平卷、环卷、层次卷、玫瑰卷、"8"字卷等；盘发造型中常用发卷有以下类型。

一、扁平卷技法

取一束头发从发尾开始向发根平着卷曲，用拇指和食指捏住发卷，一圈一圈地进行卷曲，下夹固定即成为扁平卷。因为这种卷法类似卷饼，所以也叫作打饼法。也可以用发网套在发束上，再卷成扁平发卷，这是影视古装发式梳妆的常用手法（见图5-7-1）。

1. 平卷成圈

2. 下暗夹固定

3. 造型效果

图5-7-1   扁平卷技法

二、直卷技法

取一束头发做平倒梳，将发片表面处理光滑干净，用发胶定型，然后将发片的发尾缠绕在左手食指上，右手食指配合，做平直均匀的卷筒。卷的过程手指略弯曲扣住发片边缘，以免头发走出指头外边。卷筒的粗细是由两个食指之间距离大小所决定的，做小卷筒两个食指靠近，反之距离略远。发卷平直摆放叫作直卷或平卷。发卷与头皮成45°角左右摆放叫作斜卷。发卷垂直于头皮摆放叫做竖卷或立卷。在这种直卷基础上，用两个中指伸进卷筒中间，并向左右方向拉开，使之呈为半圆，这种通过直卷的技法做出的发卷叫作直卷，从卷的形状定义可以叫扇形卷或月牙卷（见图5-7-2）。

1. 发尾缠绕

2. 向前面做卷筒

3. 两边下夹固定

4. 拉成半圆形

5. 造型效果

图5-7-2　直卷技法

三、卧卷技法

在根据造型所需要的部位扎马尾，再将马尾分几份，留一份不做倒梳，其余的做平倒梳，然后把发片合在一起，最后用表面留下的一份头发盖在发片上面，将表面梳理光滑呈弧形，喷发胶定型，然后发尾向内卷，再调整形状，这种技法做出的卷筒叫作卧卷。卧卷为空心卷筒较轻薄，适合做体积较大的发型，在发型结构组合设计时，卧卷经常会摆放在前边造型部位（见图5-7-3）。

1. 倒梳

2. 将发片拉宽

3. 分片倒梳

4. 梳理表面

5. 喷少许发胶

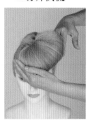
6. 发尾内卷

7. 造型效果

图5-7-3　卧卷技法

四、平卷技法

平卷的发片处理方法同卧卷类似，只是发尾不向内卷，收紧后放在外边下夹固定，再调整发卷呈半圆形。这种半圆卷与直卷演变后的半圆卷形状相似，只是技法不同，这种手法更容易操作，造型效果也较好（见图5-7-4）。

1. 用发片做卷筒，收紧发尾并固定

2. 调整成半圆形

3. 造型效果

图5-7-4 平卷技法

五、立卷技法

立卷的梳理手法与平卷类似，发卷垂直头部竖起摆放。在造型的发卷组合设计时，立卷经常摆放在侧面或后面部位（见图5-7-5）。

六、蝴蝶卷技法

在前发区扎马尾，马尾分成两份，发片的处理及卷曲手法与立卷相似，两个立卷摆成蝴蝶形。为了增强发型的层次感，可以配上S线，体现整体设计的动静结合。蝴蝶卷在造型设计中一般以独立造型为主，可增添其他元素作为衬托（见图5-7-6）。

1. 做发片

2. 下支撑夹

3. 发卷下口大，上口小

4. 下夹定型

5. 造型效果

图5-7-5　立卷技法

1. 做发片

2. 做立卷

3. 造型效果

图5-7-6　蝴蝶卷技法

七、S形卷技法

在前发区扎马尾，按照卧卷的技法做出卷筒，然后按S走向扭曲卷筒的形状。S形卷在造型设计中独立成形，在前发区造型，可以达到蜿蜒流畅艺术造型效果，较多用于晚宴发型和T台走秀发型的设计（见图5-7-7）。

1. 做发片　　　2. 做出卷后再扭形　　　3. 造型效果

图5-7-7　S形卷技法

八、海螺卷技法

在前发区按立卷手法做卷筒，卷筒下面大，上面收紧，并将卷筒调整成一定弧度，卷筒的周围用发片来增加层次感。在造型中，海螺卷可以做独立存在，经常在刘海部位造型，也可以放在侧面进行组合造型（见图5-7-8）。

1. 做立卷后，梳理发片

2. 做弧形发片

3. 造型效果

图5-7-8　海螺卷造型

九、"8"字卷技法

发片按"8"字形的走向，连续做三个卷筒，这种卷筒叫作"8"字形发卷，简称"8"字卷。在做完第一个卷时，如果剩余发梢连续做卷长度不够，就在发梢下面取部分头发与发梢合并在一起，做平倒梳连接后继续做卷（见图5-7-9）。

1. 做卷筒

2. 连续做卷筒

3. 按"8"字走向做卷筒

4. "8"字卷造型

5. 造型效果

图5-7-9 "8"字卷技法

十、层次卷技法

从发尾向根部做直卷，卷筒与发根保持一定距离，摆放卷筒，可以用平摆、竖摆和斜摆的方式，这种层次鲜明的发卷叫作层次卷（见图5-7-10）。

1. 做直卷

2. 卷筒向上翻

3. 造型效果

图5-7-10 层次卷技法

十一、玫瑰卷技法

取一束头发，用平倒梳手法将发丝连接，然后从发根弯曲斜做喇叭形卷筒，下夹固定为花心，余下的头发用按和拉的手法，按顺时针方向，放大外圈（发片外边缘），收紧内圈（发片下边），围绕花心盘成玫瑰卷（见图5-7-11）。

1. 做喇叭形花心

2. 放大外圈收，紧内圈

3. 围绕花心做形

4. 造型效果

图5-7-11　玫瑰卷技法

第八节　发片的梳理技法

发片梳理是发型基本技法之一。一般发片不独立造型，在造型中经常与发卷组合造型。常用发片有手推波纹、宇宙片、立片、S形发片、波纹发片等。

一、手推波纹梳理技法

手推波纹是发片梳理的一种经典技法，早在二十世纪二三十年代风靡上海滩，身穿精致旗袍，配以经典手推波纹发型，这种精美绝伦的搭配，深受明星们的青睐和社会名流的追捧。流金岁月的经典发型，已载入历史长河，至今已成为了我国经典梳妆的标志性发型，成为年代的象征和高贵典雅的代名词。在婚纱影楼怀旧的摄影、体现久远年代的商业广告、影视剧中年代人物造型中等都以波纹发型作为一种象征形式。

梳理手推波纹首先要设定波纹的位置与纹理走向，然后设定波纹（浪峰）的高度和跨度。形状可以按"8"字形走向，头大口小地进行推梳成形，也可以均匀平行排列地推梳成形。

造型时，将分出发片略倒梳，表面处理光洁，将发片放在左手上，梳子与发片成一定角度向下方推出波纹，发尾向相反方向拉，推出波峰后用左手的食指和中指按夹浪峰的根部，形成一定立体效果，用鸭嘴夹暂时固定，再按"8"字纹理走向，向上方推出浪峰，下夹鸭嘴夹暂时固定，喷发胶定型，波纹下面下暗夹固定。造型效果要求波纹层次清晰，纹理走向流畅，具有波浪起伏美感（见图5-8-1）。

1. 推波纹

2. 手指压住浪峰

3. 用鸭嘴夹固定

4. 造型效果

图5-8-1　手推波纹梳理技法

二、S形发片梳理技法

　　S形发片梳理技法是盘发中应用最多的一种技法，因发片弯曲形状呈S形而得名（见图5-8-2）。

三、波纹发片梳理技法

　　波纹发片梳理技法与S形发片的梳理技法类似，波纹发片蜿蜒起伏，可随意与其他技法组合，以在刘海部位造型居多，做成形象逼真的帽檐形状（见图5-8-3）。

1. 发胶定型

2. 继续做发片

3. 梳理发尾

4. 边做边固定

5. 造型效果

图5-8-2　S形发片梳理技法

图5-8-3　波纹发片造型

第九节　发线的应用方法

发线也叫线条，有曲直之分，二者的表现特征具有强烈的对比性。直线是硬朗感较强的发线，具有简单明快、理性冷漠、硬朗张扬等表现特征。直线的粗细给人以细腻与粗狂、轻盈与沉重的对比感。曲线是动感较强的发线，具有浪漫动感、含蓄柔美等表现特征。常用的发线有S线、花线、草线、栅栏线等。

一般发线不独立造型，在发型结构组合中作为点缀与衬托应用。造型师要考虑造型动与静的反差组合，静代表沉稳，动代表灵动，要在典雅之中体现动感。发线的制作可以用模特自身头发做，也可以另作好发线加进造型中（见图5-9-1～图5-9-3）。

1. 编织栅栏线

2. 栅栏线的摆放

3. 造型效果

图 5-9-1　栅栏线点缀造型

图5-9-2　S线点缀造型

图5-9-3　花线点缀造型

1.包发髻有几种方法？
2.简述手推波纹发型的应用。
3.简述编辫造型技法的种类。
4.试述哪几种发卷适合生活发型。
5.发线在发型设计中的作用是什么？
6.简述手拉发圈在生活发型中的应用。

第六章

现代发型设计

学习目标

通过本章学习，了解现代发型设计的基础知识；掌握生活发型设计的原则；熟悉影楼发型设计的类型及技法；了解舞台发型设计理念。

随着时代的进步，我国经济腾飞，物质文明和精神文明不断提高，人们更注重的是对生活品位的追求。就发型而言，不再简单地满足于剪头、烫发、盘发造型等实用的需求，而是希望发型设计师们根据自身的特点，根据不同场合设计出时尚而得体的造型，以提升个人的气质与魅力。同生活紧密相关的行业，对发型设计的需求面也日益拓宽，从而使现代发型设计领域涉及面较广，其中包含生活发型、影楼发型、舞台发型、商业广告发型等种类，每一种类又包含诸多的风格。

第一节　生活发型设计与TPO原则

生活发型设计在满足实用性的同时，要突出审美性。人们追求美、张扬个性是永恒的主题。为生活和工作的方便，发型不需要繁琐的手法造型，其造型特点要求简约、时尚、梳理方便。

发型设计构思与轮廓形状的确定，不仅要从顾客的脸型、头型、体形、年龄、职业性质、时间、场合等综合因素进行分析，以作为发型设计的依据，而且还要掌握发型设计的原则，运用设计要素，采取适合的技术，做出相适应的发型。

TPO原则作为服饰礼仪的基本原则之一，同样也适用于发型设计，即设计发型时要考虑顾客是为何时"Time"、何地"Place"、何种场合"Occasion"等因素。

时间对于发型的影响体现在多个方面。发型可以随着白天、夜晚的更替而变化，也会随着自然四季的交替而变化。各种节日也会促使顾客变换发型，展示不同的风采。

地点和场合对发型的影响更为重要。根据场所的正式程度分为正式场合如大型会议、正式宴会等，半正式场合如朋友的婚礼、舞会、生日宴会、毕业典礼等，休闲场合如朋友聚会、休闲度假、居家等。这些地点及场合都各有特点，穿着的服装及礼仪规范也各有不同，因此要求发型在体现个性的同时，也要与之相协调。TPO原则是决定发型设计的重要因素，所以设计师要掌握发型设计与TPO原则的关系，根据TPO原则设计出与此相适应的顾客满意的发型。

人们通过发型向外界展示自己的性格、职业、种族、经济状况，而发型又随着场合的变化而变化。我们根据发型设计和场合的密切联系将生活发型分为宴会发型设计、职业发型设计、休闲发型设计三个方向。

一、宴会发型设计

现代社会交际活动日益频繁，并在人们的生活中发挥着不小的作用。比如朋友的婚礼、舞会、生日宴会、毕业典礼等，现代人大有将正式社交日常化的趋势。发型设计的简洁大方、合适得体往往能给人留下美好的第一印象。宴会发型的总体设计特点是突出气质，体现生活品位和优雅姿态，以精致、高雅的风格为代表，用发型线条来强调个性。

图6-1-1　晚宴发型　模特/丁茜琳

1.正式场合发型设计

正式场合的发型设计也要贴近生活，不宜做过于张扬或可爱，可考虑精致的盘发，但是干净的盘发造型，会让人感觉呆板做作，所以应选择时尚动感的结构手法进行造型。比如对后发区和侧发区采用包发手法，包发后可将剩余的发尾同顶区和刘海区的头发用电卷棒卷曲，然后挑倒梳以整理造型。该发型简洁大方，体现了时尚端庄的气质（见图6-1-1）。

2.半正式场合发型设计

发型设计整洁大方，不宜太过夸张，可选择优雅浪漫，突显自身气质的发型。

二、职业发型设计

职业发型设计中顾客的年龄、身高、脸

型、头型、体形等因素作为发型设计的自然条件，职业岗位作为发型设计的背景条件，以此为设计依据，进行分析诊断，从而使发型设计突出职业岗位的实用性和形象性。

1.职场的发型设计

统一标准着装的空姐、护士、公司职员等职业岗位人员，为满足职业工作岗位着装戴帽统一的要求，发型设计以突出实用性为目的，并展示标识性的造型效果，一般以挽髻居多。挽髻清爽利落便于工作，可在头后部的中位、中低位、低位等位置造型。发型具有职场风范，精致优雅，沉稳干练（见图6-1-2）。

1. 中位发髻造型　　　　　　　2. 中低位发髻造型　　　　　　3. 低位发髻造型

图6-1-2　职场发型　模特/徐小青

2.青春运动的发型设计

这类发型以简单自然的短发造型为主，容易打理，节省时间，便于运动，突显青春向上的活力和奋发进取的精神。

3.社交礼仪职业的发型设计

这类顾客社会活动较多，头发最好留长一些，根据不同场合的需求变换发型，可以披发，也可以盘发。发型以简洁大方、干练、自然为主。

4.形象性的发型设计

知识女性往往由于其高雅的职业而受人瞩目。这种工作环境就限定了梳妆的基本范围。发型设计接近日常生活，简洁大方、时尚优雅、色泽自然，体现淡雅端庄的职业形象。

5.艺术工作者的发型设计

艺术工作者的发型设计，也有别于普通人群。由于工作性质的原因，他们走在时尚的前沿，是公众追逐的偶像，其发型设计要有突出创意性、色彩感、前卫性、彰显艺术类职业的特点。

三、休闲发型设计

休闲发型设计可以根据环境的不同而随之改变。发型设计应遵循以下原则：舒适自然、容易打理、时尚可爱、富有活力等。设计时，可以加入流行、可爱的元素。比如，简单的披发，自然发辫，利用简单的饰品对头发进行修饰。

休闲发型设计经常有以下几个风格：

1.直发休闲造型

不做染烫，自然随意的披发，体现了朝气蓬勃的青春形象。

2.挽髻休闲造型

丸子头是最具古风的挽髻发型，自然随意，清爽利落，活力无限，是生活休闲发型永远不变的设计形式。时尚自然的丸子头梳理，首先要在任意部位扎马尾，然后围绕马尾根部卷发卷，将发卷表面发丝略拉松，逆向下夹固定。发型强调自然的动态美，以塑造富有奔放活泼的形象（见图6-1-3）。

人们在生活中自我创意的随意挽髻手法较多，造型颇具特色，表现出了随意性、实用性和时尚感（见图6-1-4）。

图6-1-3　挽髻休闲发型　模特/徐小青

1. 向同一方向拧紧　　2. 拧紧后交叉

3. 挽髻　　4. 下夹固定　　5. 造型效果

图6-1-4　挽髻休闲发型　模特/赵方群

3.扎发休闲发型设计

扎马尾是生活中最为普遍的梳理方法，强调简单，便于打理。可以利用发夹、皮圈、发箍等饰品对扎发进行修饰。

4.时尚休闲发型设计

　　当今人们将悠久的编辫手法，融入生活发型之中，作为一种点缀，已成为一种时尚。其造型手法简单，时尚自然，显得清纯活泼，深受青春少女青睐（见图6-1-5）。

1. 取两股头发　　　　2. 两边加发

3. 不加发　　　　4. 两边加发　　　　5. 造型效果

图6-1-5　时尚休闲发型　模特/赵方群

第二节　影楼发型设计

　　影楼发型设计目的明确，由新娘结婚庆典和影楼拍照时的发型设计两部分组成，二者存在根本性区别。结婚庆典中的新娘是众人瞩目的焦点，化妆造型不宜夸张，要贴近生活，适合用鲜花、皇冠、小钻饰品等点缀，不宜使用假发、假花和夸张的饰品，否则会显得做作而不自然，使新娘与嘉宾之间产生距离感。新娘是动态的人物造型展示，造型以唯美靓丽为原则。婚庆摄影造型是以静态的照片画面呈现，摄影发型以突出艺术效果为主，可以采用假发、假花、头饰等饰品。

一、结婚庆典发型设计

　　当今新娘发型设计流行时尚简约、清新自然的风格，以体现新娘自然柔美、青春靓丽的形象。

　　新娘结婚庆典场合一般选择三套服装，发型是依据服装礼服风格进行设计的。典礼时首选白色婚纱者居多，发型设计定位为高贵典雅、唯美时尚。典礼后更换中式旗袍和晚礼服，发型不可能有重新梳理的时间，在有限的时间内，要做出相适应的两款唯美精致发型是很紧张的，所以婚礼发型事先要做三合一的整体构思设计，考虑几套服装更换顺序以及每款之间梳妆的关联性，选择与此相匹配的发型风格，二、三次造型只能在原来基础上做适当的调整，用适合的鲜花和饰品点缀，以快速便捷为原则。

在头饰的选择上，通常选用皇冠、鲜花、头纱、钻饰等极佳配饰，饰品点缀要得当，才能起到点睛之笔的作用。鲜花常用白百合花或白百合花与粉百合花组合、玫瑰花、蝴蝶兰花等为主要的鲜花，增添勿忘我花、满天星花、情人草等作为点缀衬托。

1.婚纱发型设计

经典白纱造型涵盖的风格较多，发型设计首先以新娘的气质、身高、脸型、肤色、头发长度等自身条件作为参考。身高是确定发型高度的依据，个子略矮者一般采用半圆形卷或高盘发造型，后面衬有白色的头纱，发型也可以不用特意拉高，可将头纱在发型上面做蓬松造型。也可以用蕾丝花边头纱塑造造型，再用珍珠头饰加以点缀，体现新娘的典雅之美（见图6-2-1）。

1. 长刘海扭后边

2. 单包造型

3. 造型效果

图6-2-1　蕾丝花边头纱造型　模特/王璐遥

　　韩式新娘发型简约大气、温婉含蓄、清纯优雅，越来越受到国人的喜爱。发型设计经常在两侧以单边加三股发辫为主，后部做低发髻，用精巧别致的小钻饰品进行点缀，后面衬有白色头纱（见图6-2-2）。

1. 从下向上单边加编三股辫

2. 做低位发髻，用U夹固定

3. 造型效果

图6-2-2　韩式新娘造型　模特/赵方群

2.中式礼服发型设计

　　经典的旗袍被誉为中华服饰文化的象征，它融入了现代时尚元素，别具韵味，能体现东方女性的神韵典雅之美，仍然是新娘情有独钟的选择，且符合喜庆幸福的气氛。与此相匹配的发型，是在白纱发型的基础上，将发尾进行简单倒梳处理，在一侧或后部梳成略长的发包，按包形状带上鲜花，鲜花一般选用玫瑰花、蝴蝶兰花、剑兰花等，造型效果古典高雅、喜庆别致，尽显中国女性的温婉贤淑之美。

3.晚礼服发型设计

　　晚装的基调永远是高雅华贵，发型梳理手法不易过于繁琐，配饰不易过于复杂。在上个发型基础上进行适当调整，将发尾做蓬松效果，带上别致的亮钻发夹或鲜花便可塑造出迷人的晚礼服发型。

二、影楼摄影发型设计

　　婚纱摄影是新人对未来美好生活的憧憬，对宝贵时光的珍惜。通过多姿多彩的照片画面可以抒发不同的情怀，穿越不同的时空，留下幸福的记忆。

影楼为了满足新人的这种要求，按各具特色的服装风格来确立主题进行拍摄，有婚纱风格、晚宴风格、年代风格、欧式风格、时尚写真风格等，白色婚纱是整个婚纱摄影的主体。影楼发型设计与结婚庆典发型设计不同：一是造型设计理念，以突出照片画面所呈现的艺术视觉效果为理念，注重文化内涵和背景环境氛围的渲染；二是用假发作为艺术装饰，起到美化、快速、多变、增加发量等作用；三是梳妆手法简单，注重正面和侧面能够拍摄到的部位造型，不求后部造型完整精细，力求快速多变。男士的发型也要变化，但是唯一不变的宗旨是配合女士的造型，使之和谐。

影楼摄影造型过程，为造型师搭建了无限的创作空间，造型师的艺术修养、文化底蕴以及综合能力等因素决定了造型效果。造型师应具备以下基本能力：顾客自然条件的分析诊断能力、年代背景资料的掌握能力、时尚发型的创意能力、熟练的梳妆能力等。

1.婚纱风格造型

婚纱造型分为高贵典雅、复古优雅、时尚前卫、浪漫唯美、甜美可爱等风格，这些都是经久不衰、永不褪色的造型。

头纱是新娘造型的标志性饰品。头纱使用要展现出艺术美感，关键技巧在于层次感的塑造。比如用简洁快速手法将头发拧包，选用玫瑰绢花与头纱呼应，用大波浪花边的头纱造型，波浪蜿蜒起伏，交错重叠，表达出浪漫柔美的爱情音符（见图6-2-3）。

图6-2-3　头纱造型　模特/赵方群

　　婚纱风格造型中经常用类似头纱材质的帽子，作为搭配服装的一种饰品应用。梳妆时主要对刘海和头部下面做精细设计即可，造型效果时尚可爱（见图6-2-4）。

1. 用拇指做轴心

2. 先拧紧后固定

3. 挑倒做造型

4. 造型效果

图6-2-4　时尚帽饰造型　模特/陈秀芝

2. 时尚风格造型

　　当今顾客以独特的思维来看待婚纱照，喜欢以时尚写真手法拍摄，造型各异，彰显个性，摆脱千人一面的俗套，走进时尚，追逐流行，做摩登新娘。

　　（1）时尚创意造型

　　为了同结婚庆典造型有所区别，穿婚纱不戴头纱，用个性的艺术发型来代替柔美的头纱（见图6-2-5）。

　　（2）浪漫风格造型

　　在影棚主题拍摄时，一切都围绕主题而设计。比如花仙子主题摄影，用仿真背景布、花式秋千等来营造自然环境，发型造型用假发和蝴蝶饰品渲染气氛，体现置身于绿野仙踪中的浪漫仙子，呈现娇美动人的画面（见图6-2-6）。

1. 用打双结手法缩短头发

2. 挑倒梳造型

3. 造型效果

图6-2-5　时尚新娘发型　模特/陈秀芝

图6-2-6　浪漫仙子发型　模特/杨婉艺

　　田园风格的外景拍摄发型设计，改变了昔日的影楼室内用假发和饰品点缀的造型，用真发做简约发型，并用随季鲜花点缀，使造型融入自然，在深入田野拍摄时，表达出人与自然的和谐，体现新娘清纯自然、美丽浪漫的仙子形象（见图6-2-7 ~ 见图6-2-9）。

图6-2-7　甜美新娘发型　模特/李艺

1. 挑倒梳　　　　　2. 长发缩短处理

3. 两边分别扭曲　　4. 发梢扭后部固定　　　5. 造型效果

图6-2-8　田园风格发型　模特/毋凡伊

1. 单边加发

2. 发辫上拉

3. 造型效果

图6-2-9　花仙子发型　模特/华世意

近年来的外景拍摄，在人物整体形象设计的观念上，发生了根本性的转变。服装选择颜色艳丽的套装，款式趋于生活化，服饰搭配用帽子、围巾或可爱的卡通饰品。

3.晚宴风格造型

晚礼服款式多样，颜色丰富。不同的款式与色彩，给人带来不同的感觉，与此相匹配的发型，更具多样性和可变性。

（1）生活晚宴造型

在室内晚宴摄影造型中人们也喜欢贴近生活、随意自然的感觉。梳妆手法不宜采用华丽的盘发造型。运用简单大方的梳发造型，配之以大小得当的饰品，能尽显端庄雅致之美（见图6-2-10）。

（2）高贵晚宴造型

高贵典雅是晚宴造型的特征。这类摄影发型盘发手法简单，做干净的高髻即可，头饰选择华丽精致的饰品，造型高贵典雅（见图6-2-11）。

1. 左边向上梳理

2. 倒梳造型

3. 造型效果

图6-2-10　生活晚宴发型　模特/徐小青

1. 分两个区

2. 做卷

3. 马尾做卷

4. 刘海造型

5. 造型效果

图6-2-11　高贵晚宴发型　模特/童燕炉

（3）时尚晚宴造型

时尚晚宴造型突出个性，夸张前卫、时尚动感，具体造型可将头发分为五个区，后发区做交叉包发，侧发区扭包，将包发剩余发尾同顶发区和前发区头发合在一起，用拧单股绳的手法缩短头发，留下所需要的长度进行挑倒梳，然后用尖尾梳的尾按照需要的方向整理发丝，用发胶定型。这款发型强调线条的装饰性、层次感，可以适合任何脸型，为百搭发型（见图6-2-12）。

1. 先包发后倒梳

2. 头饰点缀

3. 造型效果

图6-2-12　时尚晚宴发型　模特/毋凡伊

4.年代风格造型

影楼独具特色的中国风婚纱照，以古典的韵味和诗情画意的拍摄风格，深受国人的偏爱，是影楼套系的卖点之一。具有年代特征的造型种类繁多，一般采取演绎后的简单梳妆技法，不需要梳妆得如何精致，只要具有年代感的象征符号即可。

（1）"民国"时期梳妆

二十世纪二三十年代的象征是身穿精致的旗袍，梳理经典的波纹发型，二者合一的精美整体造型展示，淋漓尽致地诠释了东方女性的神韵。手推波纹已经成为经典，成为年代的符号，具体造型举例如下。首先在顶发区做基底高度，用前发区做手推波纹，后发区用边加发边扭包的手法做发髻，再用夸张的蓝色绢花做衬托，呈现出水墨写意的清雅，勾勒出女人千娇百媚的风韵（见图6-2-13）。

1. 分三个区　　　　2. 单边扭发技法　　　　3. 推出波纹　　　　4. 右侧做发包　　　　5. 造型效果

图6-2-13　手推波纹发型　模特/张佳丽

　　手摆波纹发型也可以称作恤发波纹，是用专业卷发器做卷，然后用包发梳梳理出纹理走向，再用手摆出波纹形状，下夹固定，手摆波纹技法比手推波维捷法简单容易操作，波纹自然流畅，造型高贵、典雅、含蓄（见图6-2-14）。

1. 梳出波纹的纹理　　　2. 波纹自然摆放　　　3. 后面包发　　　4. 造型效果

图6-2-14　手摆波纹发型　模特/许小雪

造型师还可以用波纹刘海作为发型的点睛之笔，根据顾客颈部的长短程度，发型的下面选择大小适宜的长形轮廓发髻，用同服装花型相匹配的睡莲鲜花作为点缀，再在前额夹上象征二十世纪二三十年代符号的精致发卡，整体造型的年代感突出（见图6-2-15）。

1. 手推波纹

2. 恤发后梳理造型

3. 造型效果

图6-2-15 "民国"时期发型 模特/丁茜琳

当用较长的头发做造型时，处理头发的长度是关键。做时尚发型时，先将长发从发根向发梢用拧绳的方法缩短头发，再用发梢做造型。古典发型经常用发卷和发包进行组合设计，卷发卷也是缩短头发的一种方法，首先从发梢向根做卷筒，做完刘海后将剩余头发摆成层次卷，再用一个直卷摆放在顶部，以此来增加发型轮廓的高度，剩余的头发卷成侧发包。整体造型既古典又时尚（见图6-2-16）。

（2）清朝发式梳妆

清朝满族女子的装扮是穿长袍、着高底鞋，最常梳的发式为"一字头"。因满族人"在旗袍"，所以扁的一字形装饰物就称为"旗头"。在旗头上插满精美的簪、钗等头饰，再装点上燕尾。这种颇具民族特色的发式，显得十分华丽。在当今拍婚纱照中，拍摄清代服饰也成为一种时尚（见图6-2-17）。

1. 做层次卷　　　　　2. 层次卷

3. 后面包发　　　　4. 右上做直卷　　　　5. 造型效果

图6-2-16　古典发型　模特/华世意

1. 顶区和后发区编辫做基底　2. 燕尾固定后交叉包发

3. 两侧分别垫发包　　　　4. 包发　　　　5. 造型效果

图6-2-17　清朝发式　模特/黄晓蓉

（3）唐朝发式梳妆

唐朝是封建社会的鼎盛时期，发式极为丰富多彩、富丽华贵，发式的变化也多样。其中花髻发式在当今影楼应用较多。花髻是在高髻上插上牡丹花，并配以饰品，造型显得富贵、华丽（见图6-2-18）。

1. 分区

2. 垫假发包

3. 包发

4. 做好基底

5. 造型效果

图6-2-18　唐朝发式　模特/张乐瑜

（4）飞天髻发式梳妆

魏晋南北朝时期的高髻发式多种多样，其中"飞天髻"鲜活灵动，其塑造的神话传说中的仙女飞天形象，至今也是女性们挥之不去的情结。影楼摄影就迎合她们的这种意愿。其梳妆技法是将假发环交错直耸在头顶部，再用真发梳挽髻于头顶部，最后用质朴的绢花装点。整体造型体现清秀飘逸的仙女形象之美（见图6-2-19）。

1. 分区   2. 垫发包   3. 加发环后，两侧包发

4. 造型效果

图6-2-19 飞天髻发式 模特/杨心洁

5.欧式风格造型

在影楼摄影中，欧洲宫廷造型以其高贵华丽的礼服，奢华大气或清新婉约的人物造型，也备受推崇（见图6-2-20 ～图6-2-22）。

设计清纯典雅的欧式新娘发型，手法要简单，造型要蓬松简约，头饰用蕾丝花边饰品点缀为最佳。

1. 做直卷，后面留发束做卷。

2. 后面造型

3. 造型效果

图6-2-20　欧式典雅新娘发型　模特/黄晓蓉

1. 分五个发区

2. 交叉包发

3. 做蓬松效果

4. 松扭侧发区

5. 造型效果

图6-2-21　欧式新娘发型　模特/徐小青

1. 发束缠绕手指上

2. 夹住发卷扭形

3. 卷与卷之间用U夹连接

4. 发型轮廓效果

5. 造型效果

图6-2-22　欧洲宫廷发型　模特/徐小青

要梳理出欧洲宫廷高耸、霸气、华丽的发型，首先在头顶部垫假发包，然后做卷筒后向上扭转，卷筒不要卷到根部，发卷拉长摆放制造隆起高度的效果。

第三节　舞台发型设计

一、主持人发型设计

在现实生活中，主持人为公众人物，主持人的形象是外在气质与内涵修养的诠释。主持人按着主持节目的范围分为：新闻类、经济类、文艺类、文化类、体育类、服务类、少儿类、学术类等。新闻、经济、学术类栏目的主持人以短发作为标志性发型，体现简洁、大方、端庄的职业特点；文艺、文化类主持人发型应以时尚流行、高雅大方为设计定位（见图6-3-1）。总之各栏目主持人的发型设计要与栏目播出内容的形式相匹配。

1. 包发梳理

2. 倒梳做形状

3. 造型效果

图6-3-1　主持人发型　模特/赵方群

二、T台服装走秀发型设计

T台是时尚的代名词。T台秀场种类多样，最引人瞩目的是服装走秀。它用于展示服装设计风格，发型在此作为配角，起到烘托主题的作用，不易过于张扬，以简约大方、纹理流畅为原则。发型造型多为披发、扎马尾、丸子头等，发型设计分区一般采用中分、偏分的简单分区方法，通常在前发区做造型的居多。造型时将头发分为前后两个发区，将后发区做包发，前发区用发髻或发条技法造型，一般不戴头饰（见图6-3-2～图6-3-4）。

1. 前发区做卷筒

2. 剩余发区包发   3. 造型效果

图6-3-2 T台走秀前卷发型 模特/KATE HINCHLIFFE

1. 倒梳发丝

2. 挑发丝整理造型   3. 造型效果

图6-3-3 T台走秀时尚发型 模特/KATE HINCHLIFFE

图6-3-4　T台时装秀发型　模特/KATE　HINCHLIFFE

思考
练习题

1.T台走秀发型设计有哪些特点？

2.影楼年代发型有哪几个风格？

3.简述生活发型设计与TPO关系。

4.简述结婚庆典发型与影楼发型的区别。

第七章

创意发型设计与表现

学习目标

通过本章学习，了解创意发型的设计理念；熟悉创意发型的设计过程；掌握非材料的选择和运用。

第一节　创意发型设计理念

创意发型是一个比较抽象而宽泛的概念。将任何领域具有创意的元素，提取融入到发型设计之中，赋予发型以鲜明的主题思想，表现出较强的视觉冲击力，从而达到一种标新立异的造型效果，这种发型都可称之为创意发型。创意发型分为生活类创意发型和艺术类创意发型，这里主要讲解艺术类创意发型设计。

创意理念是一种思想情感的表达。理念的形成较为复杂，首先设计师应富有抽象的思维方式、梦幻般的想象力、丰富的创造力，对发型具有较好的艺术审美能力。在日常生活中注重对各种事物的观察思考，对大自然万物及人文景观的揣摩积累，提取有价值的元素，从而得到启发，借助色彩搭配、原材料选择、工艺运用等进行综合设计，最终以造型作品形式来表达设计师的创意理念与思维。

第二节　创意发型设计过程

创意发型是发型设计的最高境界。创作的起点是在基础发型技法之上，赋予发型以新的创意理念和精湛的技艺，从而进行发展演绎创新。创意发型设计过程通常有以下几个步骤。

一、确立主题

作品创作都是围绕主题进行的，主题就是用作品表达的中心思想，但是创意发型设计有的也不确立主题，如服装走秀，主要突出服装风格展示，发型作为衬托，不需要确立主题，做出富有创意性的统一简约发型即可。在创意发型秀的表演中，发型展示作为秀场的主体，每一款发型设计都必须突出主题，表达创意理念，服装作为配角起到衬托作用，所以在服装款式的设计、色彩的选择上都要弱化，彰显发型的创意效果。

二、创作构思

创作构思是一种创造性的活动，来源于生活的启迪。造型师可以将自然界所激发出的创作灵感、视觉传达所要表现的效果以及自己的创造性构想画在设计图上，初步表达出发型造型的效果。

三、材料选择

艺术是靠想象而存在的，怎样才能把想象变成现实，关键是先确定具有可操作性的制作工艺，再选择能表达设计意图的色彩与材质。

四、制作工艺

有的创意发型是用其他材质完成的，需要设计较合理的制作工艺和手法。制作工艺首先要以高仿真效果为最佳选择，同时要求发丝的表达清晰流畅，发流的纹理走向层次突出，发型整体轮廓夸张，具有较强的艺术创意效果。

第三节　非材料创意发型设计

一、非材料发型与头饰的区别

发型造型都是以真发或假发的发丝作为原材料的，除发丝以外的材料所做的发型，通常称为非材料发型。在化妆发型大赛、创意发型秀、商业广告等活动中，经常采用除了发丝材质以外的一些材料，做出夸张的头饰或发型，以满足艺术造型效果和视觉感的需要。

非材料创意发型分为发型和头饰两种：一种是用非材料作发丝，是基于发型设计的原则，创造出纹理走向、轮廓形状等整体感觉像是发型，将其戴在头上，丝毫不露真头发，给人感觉是另类时尚的发型（见图7-3-1、图7-3-2）。另一种是将这种造型装在头的顶部，下面露出真发，看上去是一个大头饰装顶在头上，起点缀作用，那就不能叫发型，可以将其列在头饰范畴之内（见图7-3-3、图7-3-4）。关于用非材料做的发型和头饰之间的区别与概念，只是笔者在实践创作中的体会，对创意发型设计的粗浅认识，仅供参考。

二、非材料选择与应用

创意发型制作，首先要选好材料的质地。因为质地独有的特征如软硬、粗细、冷暖、钝利等，会直接影响造型的创作风格和视觉感受。一般经常将质地对比强的材料组合在一起作为设计元素。制作发型的非材料也同样来源于生活日常用品，如线、纸、麻、棉、筷子、藤条和盒子等等。还有特殊材料如塑料、泡沫、复合品、金属材料等。自然界的植物、动物毛皮、海洋贝壳都可以作为创作材料。

1.毛线材料造型

毛线是类似发丝的线条，无论粗细都可以当作发丝做非材料创意发型，但是毛线的质地为柔软线条，无法像棕榈皮撕的丝那样能梳理出纹理造型，用编发辫手法较为适合做造型。如果造型轮廓与饰品应用得当，仿真效果会更好（见图7-3-1）。

图7-3-1　毛线材料创意发型　模特/杨露

2.棕榈树皮材料造型

将自然界的棕榈树皮撕开后梳理成类似发丝的形状，再按照发型纹理走向

梳理，发丝表达流畅蓬松，整体发型不露真发，远看发型轮廓形状具有生动、形象、逼真的视觉感，体现出创意发型的时尚写意风格（见图7-3-2）。

当发型的轮廓形状，发生抽象化的改变，再搭配同质地的粗犷质朴的服装，更加衬托出了发型的粗犷奔放、时尚霸气的风姿。模特那置身于幽静的淡定表情，告诉我们：只有大自然才能赋予发型如此自然奔放的风格。这种令人震撼的造型定义为"创意发型"有些牵强，因为真假发丝没有连接和融合，露出了下面的真发，真假发丝有明显的色差，棕榈皮像头饰一样戴在头上，这样造型应列为仿真发丝头饰的种类（见图7-3-3）。

图7-3-2 棕榈树皮材料创意发型 模特/黄洁   图7-3-3 棕榈树皮材料造型 模特/丁茜琳

3.创意海螺造型

人们经常取材于贝类做造型，这是对大海的一种情结，是被天然贝类的美态所迷恋。如模仿海螺形状造型，先用铁丝网做成海螺形状，再用小海贝点缀，用天蓝色表现大海，整体造型既有天然海螺旋转向上的标志性螺旋线条，也有发流纹理走向，刘海的层次表达清晰，发型轮廓形状也较为形象，但是没能与真发很好地融为一体，可以称为海螺头饰造型（见图7-3-4）。

4.筷子材料造型

用筷子做材料，用羽毛做点缀，制作类似玫瑰卷的造型，在面部周围，用羽毛代替头发的走向，不露真发，具有创意发型的整体轮廓仿真效果，这种造型可以称为创意发型（见图7-3-5）。

图7-3-4　创意海螺头饰　模特/王琳风

图7-3-5　创意玫瑰卷发型　模特/张珂瑜

如果将玫瑰卷戴在头顶部露出真发，而没有整体发型的轮廓感，就将其称为玫瑰卷头饰（见图7-3-6）。

图7-3-6　创意玫瑰卷头饰　模特/陈雨佳

5.鲜花材料造型

鲜花装点着美丽的世界，也可以创造出具有发型形态的仿真发型。用鲜花和叶子表达造型的基本走向，会使发型显得尤为生动（见图7-3-7）。

图7-3-7　创意鲜花发型　模特/张佳丽

第四节 发网艺术造型设计

造型师常用隐形发网做发型。发网造型设计无据可依，没规律可循。只要具有丰富的想象力、抽象的思维，就能创造出意想不到的作品。发网艺术造型的造型技巧较强，手法细腻，具有宽阔的仿生创造空间，可仿照自然界的花草树木做出逼真的造型，生动立体，炫彩夸张，舞台视觉冲击力强，造型的形象性、观赏性和艺术性，远超于生活发型范畴，是一种发型的艺术，更贴切地说是创意发型网中艺术，主要用于舞台表演、广告摄影、影楼摄影等发艺造型。

发网造型过程中首先按设计要求分出发束，将发束梳顺后套上发网，在发根部下夹固定发网。其次用按、拉或卷等手法将发片拉薄，在拉发片的过程中，发尾始终在发网外面，拉好发片后喷发胶，用定型吹风机定型即可（见图7-4-1、图7-4-2）。

1. 海潮造型

2. 玫瑰花造型

3. 造型效果

图7-4-1 发网艺术造型

在头发较短或较稀少时，用发网做发型，具有增加发量的效果，可以扩大发型轮廓形状（见图7-4-3、图7-4-4）。

1. 发束梳顺

2. 固定发网

3. 拉发网

4. 造型效果

图 7-4-2　创意帽子发型　模特/刘小虹

图 7-4-3　欧洲宫廷造型　模特/韩丽娟

1. 中间编辫

2. 留发束做拉发网

3. 造型效果

图 7-4-4   发网创意造型   模特/李艺

第五节   创意古装造型设计

在第六章曾讲到的年代风格造型，主要突出不同年代典型发式梳妆风格。这种造型从服装到梳妆略显呆板，现代时尚元素体现不足，使人显得过于成熟。人们对时尚年代风格造型的需求赋予造型师无限的创作空间。为此我们研发了创意古装发式，即将昔日的古韵精华与现代时尚元素有机融合，塑造出动漫古装美少女的时尚形象，造型艺术设计和手法技巧的创新与运用，全新地展现了古装造型时尚化。

一、儿童时尚古装造型

研发年龄为4岁以上儿童的古装造型的初衷，是为了迎合儿童的爱美之心，并以此启迪儿童热爱民族优秀文化的精神。服装款式不考虑年代时期风格特征，以穿着方便为宜，体现飘逸美感，袖子为宽袖口的长甩袖子，下裙多层次，多飘带。服装质地采取通用的华贵绸缎面料和飘逸的纱料为宜，面料色彩以孩子偏爱的靓丽炫色为首选。通常以旗头作为古代发式的标志，旗头与传统的旗头区别较大，形状简单并加入发辫作为镶边，同时也经常以发环等做装饰，头饰设计清纯淡雅，用飘逸的头绳做披挂点缀。发式梳妆不采用传统复杂的手法，用儿童自身的披发、长短都可以，将头饰固定好即可，造型定位为"古风仍在，时尚可爱"（见图7-5-1）。

图7-5-1　儿童时尚古装造型　模特/杨沛儒

二、时尚古装造型

我们在研发时尚古装造型时，服装服饰设计，仍然延续儿童时尚古装的设计思路，造型效果时尚浪漫靓丽，深受年轻人的欢迎（见图7-5-2、图7-5-3）。

图7-5-2　时尚古装造型　模特/杨婉艺

1. 前面分区　　　　2. 垫发包　　　　3. 中分后做刘海

4. 编三股发辫　　　5. 后面放燕尾　　　6. 后面造型　　　　　7. 造型效果

图7-5-3　创意清朝发式　模特/王璐瑶

三、动漫古装造型

COSPLAY是英文Costume Play的简略写法，一般指利用服装、饰品、道具以及化妆来扮演动漫作品、游戏中的角色。随着动漫产业的发展，动漫节中最具人气的亮点是COSPLAY动漫真人模仿秀的比赛。动漫游戏中美少女的时尚妆面、简约发型、时尚夸张的头饰，女侠铠甲披挂的英姿，都体现中华民族服饰文化的内涵。这种具有现代感的动漫古装人物造型，得到了众多少女的追捧（见图7-5-4、图7-5-5）。

图7-5-4　动漫古装造型（一）　模特/徐琼英

图7-5-5　动漫古装造型（二）　模特/陈洁珍

第六节　创意主题造型设计

在商业演出或公益活动中，彩妆秀深受瞩目。这类秀场被称为主题彩妆秀，是围绕主题进行整体造型设计。彩妆秀的整体造型要求具备有震撼力的梦幻炫彩的视觉效果。

随着经济的发展，人们的生活水平得到了提高，生活方式也发生了改变，与此同时，也给自然生态环境带来了污染，为此"环保"成为了热议的话题。下面是以"环保"为主题所创作的"环保时尚彩妆秀"几款造型。

一、"白色污染"造型

塑料包装在给人们购物带来方便的同时，也给生活环境带来了不可降解的永久性污染，以"拒绝白色污染"为创作主题，整体造型和道具都是用白色塑料袋加工而成。服装用白塑料袋作为材料，款式为纯洁可爱的公主裙风格，上身参照格子面料的纺织纹理进行编织，编织手法细腻，下部蓬裙用塑料袋和气球来呼应整体造型，突出层次感。用象征性帽子头饰进行装饰，并用气球作为拍摄的道具，整体画面设计完整，主题突出，其目的是呼吁人们"拒绝白色垃圾，还我洁净家园"（见图7-6-1）。

二、"枯树凋零"造型

这款发型以当今土地沙化、河流污染、树木干枯凋零等环境恶化的现状，作为创作构思，以"枯树凋零"为主题，突出头部的形象设计，用山的形状作为发型的轮廓，用枯树凋叶的形象作为发型的表现，服装采用同样的材质制作，使整体造型的协调统一。头饰为"干枯的树木，凋零的落叶"的造型，"形"是突出主题的一种表现形式，"意"是呼唤人们"保护自然生态，拥有绿色家园"（见图7-6-2）。

图7-6-1　白色污染造型　模特/蔡晓意

图7-6-2　枯树凋零造型　模特/丁茜琳

三、"吸烟有害健康"造型

　　"吸烟有害健康"是关乎生命的话题，以"吸烟有害健康"为主题的创作，整体用烟做造型，呼吁人们"吸烟有害健康，远离香烟污染"（见图7-6-3）。

图7-6-3 "吸烟有害健康"造型　模特/丁茜琳

　　1.什么是非材料发型？
　　2.简述创意发型设计理念。
　　3.简述创意发型创作过程。
　　4.阐述创意主题造型设计构思。

参考文献

[1]   周生力主编. 整体形象设计 [M]. 北京：化学工业出版社，2012.

[2]   刘文华主编. 盘发造型技艺 [M]. 北京：中国商业出版社，2007.

[3]   黄源主编. 美发与造型 [M]. 北京：高等教育出版社，2002.

[4]   周生力主编. 形象设计概论 [M]. 北京：化学工业出版社，2008.

[5]   连素平主编. 发型设计 [M]. 北京：中国轻工业出版社，2011.

[6]   戴少华著. 亚洲晚装发型 [M]. 广州：广州出版社，2004.

[7]   龚志英著. 发型设计 [M]. 上海：上海人民美术出版社，2010.

[8]   蒋育秀，姚慧明编著. 人物化妆造型设计实训教材 [M]. 北京：中国广播电视出版社，2010.

[9]   吴帆主编. 发型设计与技术 [M]. 上海：上海交通大学出版社，2009.

[10] 耿冰主编. 美发指导 [M]. 设计. 上海：上海交通大学出版社，2010.

[11] 叶大兵，等著. 头发与发式民俗 [M]. 沈阳：辽宁人民出版社，2000.

[12] 李芽著. 中国历代梳妆 [M]. 北京：中国纺织出版社，2004.

[13] 马建华编著. 形象设计 [M]. 北京：中国纺织出版社，2002.

[14] Robin Bryer 著. 头发的历史 [M]. 欧阳昱，译. 天津：百花文艺出版社，2003.

[15] （日）大川雅之著. 盘发造型设计 [M]. 李红梅，译. 沈阳：辽宁科技出版社，2010.

[16] （日）北村贤著. 魅力盘发设计与技法 [M]. 刘欣，译. 沈阳：辽宁科技出版社，2011.

[17] 唐宇冰主编. 服饰形象设计 [M]. 北京：高等教育出版社，2003.